Transfusiones

Sanguíneas

Jaime Villanueva Luna,
(Compilador)

Transfusiones

Sanguíneas

Transfusiones Sanguíneas
Jaime Villanueva Luna
(Compilador)

Editores: Dougglas Hurtado Carmona
Norella Ortega Ariza

© 2018, Copyright

ISBN (Print): 978-0-359-81090-1

ISBN (Ebook): 978-0-359-81092-5

Contacto:
Publicaciones Científicas
Universidad Metropolitana
publicacionescientificas@unimetro.edu.co

Portada: Adaptada por Yoveris Solano Arrieta de Blood type . Contenido: #34875761© Autor: freshidea. fotolia.com.

COMITÉ CIENTÍFICO

ALFONSO BETTIN MARTÍNEZ

Biólogo Molecular. Magister en Microbiología. Doctor en Ciencias Biomédicas. Catedrático en las áreas de Bioquímica clínica, cáncer y Microbiología molecular en pregrado y postgrado. Distinguido por Joven Investigador e Innovador, Departamento Administrativo de Ciencia, Tecnología e Innovación, Colciencias (2007); Beca incentivo a la Investigación durante la formación Doctoral, Universidad de Cartagena (2011); Diploma de Honor Docente destacado, Departamento de Biología, Meducar (2012).

NORELLA ORTEGA ARIZA

Médica y Cirujana. Ginecóloga Obstetra de la Universidad Metropolitana. Magister Inmunología de la Reproducción de Fearing Research Laboratory - Harvard Medical School. Presidenta de la Sociedad Colombiana de Menopausia Capitulo Atlántico. Miembro activo de la Asociación de Obstetricia y Ginecología del Atlántico ASOGA, Past Presidente de ASOGA. Miembro Activo de la Federación Colombiana de Ginecología y Obstetricia Fecolsog. Coordinadora de Investigación Productiva de la Universidad Metropolitana. Autora del Libro *Chikungunya, una endemia en Colombia*.

Jaime Villanueva Luna
(Compilador)

Médico Internista y Especialista en Hematología de la Universidad de Antioquia, Especialista en Medicina Interna de la Universidad Metropolitana. Docente universitario, con reconocimiento como Miembro de la Sociedad Colombiana de Hematología y Oncología Clínica del Cesar (1994); y Miembro honorario de la Fundación de Trasplante de Medula Ósea del Caribe Colombiano (2001); y Diploma Meritorio, Universidad Metropolitana (2012). Autor de los libros: *Temas Selectos de Hematóloga Anemia: Generalidades* y de *Atlas de Hematología.*

Contenido

Generalidades

Jaime Villanueva Luna

Medico Hematólogo, Docente Universidad Metropolitana

La transfusión de sangre y componentes seguros salva millones de vida cada año en el mundo y es un constituyente vital para los servicios de salud de todos los países. Cada gobierno tiene la responsabilidad de asegurar la calidad y el adecuado suministro para la necesidad nacional, garantizar el acceso de la transfusión sanguínea para todos los pacientes que la requieran, implementando estrategias integradas y adaptadas a las necesidades del sistema de salud de cada país.

La decisión de transfundir es cada vez más compleja, desafortunadamente, la toma de decisiones se basa en la tradición, en experiencias anecdóticas más que en información científica sobre las diversas situaciones clínicas.

Las últimas dos décadas se han profundizado en las indicaciones y en la dosificación de los productos sanguíneos, en el nuevo escenario de conciencia acerca de los riesgos de enfermedades transmisibles por transfusión y otras complicaciones. Aunque los estudios han evolucionado grandemente, aún permanece la controversia acerca de las indicaciones de los glóbulos rojos en ancianos y con enfermedades hemato-oncológicas.

Se hace necesario el desarrollo e implementación de guías nacionales, locales e institucionales, así como también, la educación continua y el entrenamiento de los médicos y clínicos, para contribuir de manera significativa a reducir las transfusiones innecesarias y conservar el inventario de sangre para tratamientos esenciales.

Para mejorar la seguridad y efectividad de la transfusión no basta con un suministro suficiente de sangre segura, es también necesario trabajar para lograr una buena práctica clínica. Los incidentes con las transfusiones ocasionalmente resultan en catástrofes con consecuencias para los pacientes; hay que insistir en mejorar el entendimiento de las causas de errores, reducir la complejidad del procedimiento de rutina; mejorar la organización de la transfusión hospitalaria, el entrenamiento de las personas y monitorear regularmente la práctica, la seguridad y el uso efectivo de la sangre y sus alternativas.

Es evidente, que la sangre debe ser usada solamente cuando la indicación sea clara y en la mínima dosis efectiva, aunque los riesgos han sido marcadamente reducidos con el advenimiento de mejores métodos de selección de donantes de bajo riesgo y pruebas para marcadores vitales, desafortunadamente, esta no es la situación para Colombia y América latina en general, quienes no solo debemos asegurarnos que la precaución se tome para evitar los riesgos no evitables y prevenir las complicaciones resultantes de los errores humanos, enteramente evitables con apropiada atención a los detalles y el sistema de transfusión.

Capítulo I: Antigenicidad y Fenotipaje del Glóbulo Rojo

Marbel Jiménez Coronell

Profesora de Inmunohematología, Medicina Transfusional y
Banco de Sangre. Universidad Metropolitana

Actualmente, la Sociedad Internacional de la Transfusión Sanguínea (ISBT) reconoce más de 350 especificidades de grupos sanguíneos, 339 antígenos de grupos sanguíneos autenticados, de los cuales 297 caen en uno de los 35 sistemas de grupos sanguíneos.

La ISBT estableció una terminología desde 1980 hasta hoy, donde cada antígeno de grupo sanguíneo autenticado se le da un número de identificación de seis dígitos. Los tres primeros dígitos representan el sistema, la colección o la serie, los segundos tres dígitos identifican el antígeno. (Tabla 1)

Por ejemplo, el sistema Duffy es el sistema 008 y Fya 2, el primer antígeno en ese sistema, tiene el número 008002. Cada sistema también tiene un símbolo alfabético: que para Duffy es (FY) Fya- Fyb.

Todos los antígenos autenticados se localizan en una de las cuatro clasificaciones: sistemas, colecciones, antígenos de baja y alta incidencia:

• Los sistemas consisten en uno o más antígenos controlados en un único locus genético, o por dos o más genes homólogos estrechamente ligados con poca o ninguna recombinación observable entre ellos.

• Las colecciones (series 200) consisten en antígenos serológicos, bioquímicos o genéticamente relacionados, que no se ajustan a los criterios requeridos para el estado del sistema.

• Serie 700 o antígenos de baja incidencia con una incidencia inferior al 1% y no pueden ser incluidos en un sistema o colección.

• Los antígenos de la serie 901 o de alta incidencia con una incidencia superior al 90% y no pueden ser incluidos en un sistema o colección.

Tabla 1. Sistema de genes de los grupos sanguíneos

Terminology for Blood Group System Genes and Gene Products						
TRADITIONAL NOMENCLATURE		ISBT NOMENCLATURE		ISGN NOMENCLATURE		
Name	Symbol	Symbol	Number	Gene	Chromosome	Gene Product Name
ABO	ABO	ABO	001	ABO	9q34.1	α1,3 N-acetyl-galactosaminyltransferase (A antigen) α1,3-galactosyltransferase (B antigen)
MNS	MNS	MNS	002	GYPA GYPB GYPE	4q28.2	Glycophorin A (CD235 A) Glycophorin B (CD235B) Glycophorin E (CD235E)
P1Pk	P1	P1	003	A4GALT1	22q13	P1 antigen
Rh	Rh	RHD RHCE	004	RHD RHCE	1p36.1	RhD protein (CD240) RhCE protein
Lutheran	Lu	LU	005	LU	19q13.3	Lutheran glycoprotein, B-CAM
Kell	K	KEL	006	KEL	7q34	Kell glycoprotein
Lewis	Le	LE	007	FUT3	19p13.3	α-3/4-fucosyltransferase
Duffy	Fy	FY	008	DARC	1q23	Duffy-associated receptor cytokine glycoprotein
Kidd	Jk	JK	009	SLC14A1	18q12	Urea transporter (HUT11)
Diego	Di	DI	010	SLC4A1	17q21.3	Anion exchanger 1 (AE1, Band 3)
Yt	Yt	YT	011	ACHE	7q22	Acetylcholinesterase
Xg	Xg	XG	012	XG	Xp22.3	Xg glycoprotein (CD99)
Scianna	Sc	SC	013	ERMAP	1p34	Human erythroid membrane-associated protein
Dombrock	Do	DO	014	ART4	12p13.2	ADP-ribosyltransferase (CD297)
Colton	Co	CO	015	AQP1	7p14	Aquaporin-1 (CHIP)
Landsteiner-Wiener	LW	LW	016	LW	19p13.3	ICAM (CD242)
Chido/Rodgers	Ch/Rg	CH/RG	017	C4A, C4B	6p21.3	C4A, C4B complement glycoproteins
Hh	Hh	H	018	FUT1	19q13.3	α1,2-fucosyltransferase
Kx	Kx	XK	019	XK	Xp21.1	Kx glycoprotein
Gerbich	Ge	GE	020	GYPC	2q14	Glycophorin C and glycophorin D (CD236)
Cromer	Cromer	CROM	021	DAF	1q32	Decay-accelerating factor (CD55)
Knops	Kn	KN	022	CR1	1q32	Complement receptor 1 (CD35)
Indian	In	IN	023	CD44	11p13	CD44
Ok	Ok	OK	024	CD147	19p13.3	CD147Basigin
Raph	Raph	RAPH	025	CD151	11p15.5	Tetraspanin (CD151)
John Milton Hagen	JMH	JMH	026	SEMA7A	15q24.3	Semaphorin (CD108)
I	I	I	027	GCNT2	6p24.2	β1,6 N-acetylglucosaminyltransferase
Globoside	P(Gb4)	GLOB	028	B3GALNT1	3q26	β1,3 N-acetylgalactosaminyltransferase
GIL	Gill	GIL	029	AQP3	9p13	Aquaglyceraporin
RHAG	RHAg	RHAG	030	RhAG	6p21-qter	Rh-associated glycoprotein (CD241)
Forssman	Fors	FORS	031	GBGT1	9q34.13	α1,3 N-acetylgalactosaminyltransferase
Jr	Jr	JR	032	ABCG2	4q22	ATP-binding cassette, G family
Lan	Lan	LAN	033	ABCB6	2q36	ATP-binding cassette, B family
Vel	Vel	VEL	034	SMIM1	1p36.32	Small integral membrane protein 1
CD59	CD59	CD59	035	CD59	11p11	Membrane inhibitor of reactive lysis

From Daniels (2002), Daniels et al (2004), Reid & Lomas-Francis (2012), and the International Society of Blood Transfusion.
ADP, Adenosine diphosphate; CHIP, channel-forming integral protein; ICAM, intercellular adhesion molecule; ISBT, International Society of Blood Transfusion; ISGN, International Society for Gene Nomenclature.

Los sistemas de grupos sanguíneos los podemos dividir en:

• Sistemas mayores y sistemas menores.

• Sistemas Mayores: ABO y Rh.

• Sistemas Menores: Kell, Duffy, Kidd, MNSs, P, Lewis, Ii, Diego, Lutheran, Cromer, Sciana, Dombrock, entre otros.

En cuanto a la distribución de los antígenos de grupos sanguíneos, podemos mencionar que la gran mayoría de los antígenos de grupos sanguíneos son sintetizados por los glóbulos rojos, pero existen excepciones como los antígenos Lewis y Chido/Rodgers al inicio de la vida se encuentran en el plasma y después son adsorbidos sobre la membrana del glóbulo rojo. Algunos antígenos de grupo solo se encuentran en las células rojas, otros se encuentran en todo el cuerpo y reciben el nombre de antígenos de grupos histo-sanguíneos, entre otros podemos mencionar al sistema ABO, Lewis, H.

El análisis bioquímico de los antígenos de grupo sanguíneo se divide en dos tipos principales; los primeros determinantes de proteínas que representan los principales productos de sistemas de grupos sanguíneos, por su alta inmunogenicidad, el otro grupo son los determinantes de carbohidratos en las glicoproteínas y glicolípidos en los cuales, los productos de los genes que controlan la expresión de antígenos son enzimas glicosiltransferasas. (Tabla 2)

Tabla 2. Sistema histo-sanguíneo: los genes y las enzimas actúan de manera integrada en la expresión de antígenos.

Sistemas	Genes	Enzimas (Abreviação)	Antígenos
H	*FUT1*	α-2-L-Fucosiltransferase (FUTI)	H tipo 2
Secretor	*FUT2*	α-2-L-Fucosiltransferase (FUTII)	H tipo 1
Lewis	*FUT3*	α-3/4-L-Fucosiltransferase (FUTIII)	Le^a, Le^b, ALe^b, BLe^b
ABO	*ABO*	α-3-N-Acetil-D-Galactosaminiltransferase (GTA)	A tipo 1 / A tipo 2
		α-3-D-Galactosiltransferase (GTB)	B tipo 1 / B tipo 2

Schenkel-Brunner. Sringer, 2000; Daniels G. Human Blood Groups. Blackwell, 2013

En cuanto a los grupos sanguíneos que su constitución son carbohidratos podemos observar que los que ameritan ser exaltados son el sistema ABO y el sistema Lewis.

Sistema ABO

Los grupos sanguíneos son un conjunto de sustancias de naturaleza entre otras proteicas y glucolipídicas localizada en la membrana de los eritrocitos, con carácter antigénico, por lo tanto, existen anticuerpos capaces de reaccionar con estos mismos.

El sistema ABO fue el primer grupo sanguíneo descubierto

por Karl Landsteiner en 1900, observando que los glóbulos rojos podían ser clasificados en tres grupos (A, B, O) de acuerdo a la presencia de antígenos específicos en la membrana de los eritrocitos; más tarde en 1902 von de Castello y Stürli descubrieron un cuarto grupo llamado AB. (Tabla 3)

Tabla 3. Antígenos de los diferentes grupos sanguíneos

Número	Nome	Símbolo (ISBT)	Gene (HGNC)	N° de Antígenos	Cromossomo
001	ABO	ABO	ABO	4	9q34.1
003	P1PK	P1PK	A4GALT	3	22.q13.2
007	Lewis	LU	FUT3	6	19p13.3
018	H	H	FUT1	1	19q13.3
027	I	I	GCNT2	1	6p24.2
028	Globoside	GLOB	B3GALT3	1	3q26.1
031	Forssman	FORS	GBGT1	1	9q34.13

Daniels G. Human Blood Groups. Blackwell, 2013

Es importante recalcar que las diferencias entre la sangre de una persona y la de otra están determinadas genéticamente en cuanto se refiere a su individualidad de grupos sanguíneos. Los grupos sanguíneos son aloantígenos que se heredan bajo control genético siguiendo las leyes de la herencia, también llamadas leyes de Mendel.

En el sistema ABO, el plasma contiene anticuerpos que reaccionan contra el antígeno ausente en sus glóbulos rojos; el sistema inmune sintetiza anticuerpos contra cualquier antígeno del sistema ABO que no se encuentre en los eritrocitos del individuo (anticuerpos naturales); los genes A y B son codominantes mientras que el gen O es recesivo, ello hace que existan seis genotipos diferentes (AA, AO, BB, BO, AB y OO) pero solo cuatro fenotipos posibles: A, B, AB y O. Así, un individuo de sangre tipo A posee anticuerpos naturales contra el antígeno B y un individuo de sangre tipo B posee anticuerpos naturales contra el antígeno A.

Los individuos con tipo de sangre O poseen anticuerpos naturales tanto contra el antígeno A como contra el antígeno B. Los individuos con tipo de sangre AB, el cual es poco común, no poseen anticuerpos naturales contra los antígenos A y B.

La expresión fenotípica de los antígenos ABO pueden variar con la edad, raza interacción de genes alelos, herencia de alelos comunes o de alelos raros, de genes modificadores o de enfermedades que causan cambios reversibles o irreversibles. (Figura1)

Figura 1. Estructura de los antígenos del sistema ABO

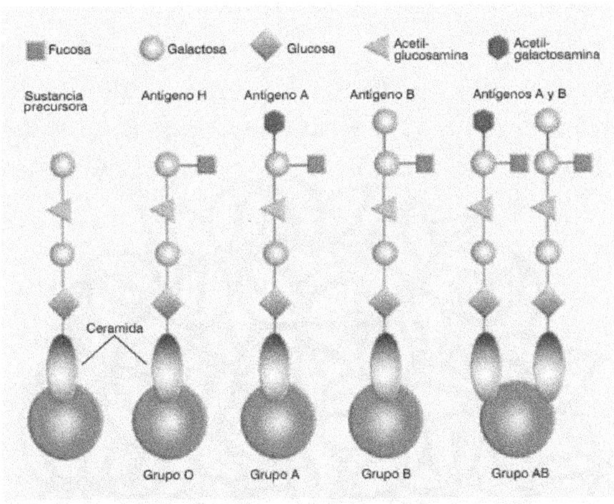

Fuente:Arbalaez C. Sistema de grupo sanguineo ABO Medicina & laboratorio Volumen 15, Numero 7-8,2009

El principio central del sistema ABO es que los antígenos, en este caso, los azúcares físicamente expuestos en el exterior de los glóbulos rojos difieren entre individuos que tienen tolerancia inmunológica sólo hacia lo que ocurre en sus propios cuerpos. Como resultado, muchos seres humanos expresan isoanticuerpos - anticuerpos contra isoantígenos, componentes naturales presentes en los cuerpos de otros miembros de la misma especie, pero no ellos mismos.

Los isoanticuerpos pueden estar presentes contra los antígenos A y / o B en personas que no tienen los mismos antígenos en su propia sangre. Estos anticuerpos actúan como hemaglutininas, que causan que las células sanguíneas se agrupen y se desintegren si transportan los antígenos extraños.

Los anticuerpos anti-A y anti-B (llamados isohemaglutininas), que no están presentes en el recién nacido, aparecen en los primeros 3-4 meses de vida, pero alcanzan su máxima maduración de 2 a 4 años. Los anticuerpos anti-A y anti-B suelen ser de tipo IgM, que no pueden pasar a través de la placenta a la circulación sanguínea fetal.

Los individuos de tipo O pueden producir anticuerpos ABO de tipo IgG que, si pueden pasar la placenta, este paso placentario se debe a que los trofoblastos placentarios poseen unos receptores específicos para la fracción constante de la IgG, hecho que únicamente ocurre para la IgG ya que el resto de las inmunoglobulinas no poseen dicha característica. (1)

El precursor de los antígenos del grupo sanguíneo ABO, presente en personas de todos los tipos sanguíneos comunes, se denomina antígeno H. Los individuos con el fenotipo de Bombay raro (hh) no expresan antígeno H en sus glóbulos rojos. (Figura 2)

Figura 2: Fenotipo antígeno Bombay

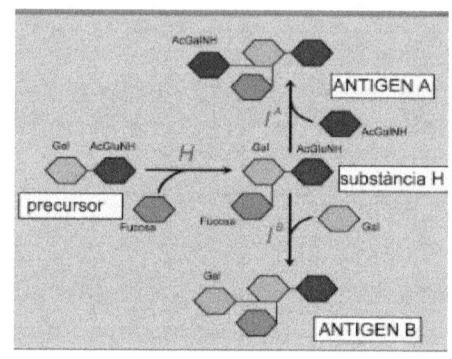

Fuente: Luque J.texto ilustrado de biología molecular e ingeneria genética sevier-España Pag373-374

Como el antígeno H sirve como precursor para producir los antígenos A y B, la ausencia del antígeno H significa que los individuos también carecen de antígenos A o B (similar al grupo sanguíneo O). Sin embargo, a diferencia del grupo O, el antígeno H está ausente, por lo que los individuos producen isoanticuerpos frente al antígeno H, así como a los antígenos A y B.

Si reciben sangre de alguien con grupo sanguíneo O, los anticuerpos anti-H se unirán al antígeno H en los glóbulos rojos (RBC) de la sangre del donante y destruirán los hematíes por lisis mediada por el complemento. Por lo tanto, las personas con fenotipo de Bombay pueden recibir sangre sólo de otros donantes de hh (aunque pueden donar como si fueran de tipo O). Algunos individuos con el grupo sanguíneo A1 también pueden ser capaces de producir anticuerpos anti-H debido a la conversión completa de todo el antígeno H al antígeno A1. (2)

La producción del antígeno H, o su deficiencia en el fenotipo de Bombay, se controla en el locus H en el cromosoma 19. El locus H no es el mismo gen que el locus ABO, pero es epistático al locus ABO, proporcionando el sustrato para los alelos A y B para modificar.

El locus H contiene tres exones que abarcan más de 5 kb de ADN genómico, y codifica la fucosiltransferasa que produce el antígeno H en los glóbulos rojos. El antígeno H es una secuencia de hidratos de carbono con hidratos de carbono ligados principalmente a proteínas (con una fracción menor unida a un resto de ceramida). Se compone de una cadena de β-D-galactosa, β-D-N-acetil glucosamina, β-D-galactosa y α-L-fucosa enlazada en 2, estando la cadena unida a la proteína ceramida. (3)

El fenotipo Bombay, también conocido como grupo sanguíneo Oh, es un tipo de grupo sanguíneo ABO muy poco conocido descubierto por primera vez en 1952 en la ciudad de india, las personas con este grupo sanguíneo se caracterizan por la ausencia de antígeno A, B y H, debido a la ausencia de estos antígenos ellos producen anti-A, anti-B y anti-H de manera natural. En las pruebas los eritrocitos Bombay se clasifican como grupo O. Los hematíes de éste no reaccionan con anti-A, anti-B ni anti-AB, mientras que el suero reacciona con células A, B, AB y O. Por tanto, las personas con el fenotipo Bombay deben ser transfundidas únicamente con eritrocitos de fenotipo Bombay. (2)

El sistema ABO también contiene varios fenotipos asociados con una ausencia debilitada, anómala o completa de la expresión del antígeno ABO. Los subgrupos y/o variantes más reconocidos en el banco de sangre son A y B. siendo más comunes el A. y sus dos principales subgrupos son el A1 y A2 por aglutinación con la lectina Dolichos biflorus y Ulex Europeus. En las que se clasifican por las cantidades de sitios antigénicos sobre el Hematíe (A), esa misma cantidad va disminuyendo en este orden: A1, A2, A3, Ax, Aend, Am, Ael.

La inmunogenicidad de un antígeno se refiere a la estructura molecular compleja total, las áreas donde el antígeno se combina con anticuerpo específico (es decir, los epítopes). Entre los subgrupos A1 y A2 hay diferencias cuantitativas, cualitativa e inmunogénica ya que la transferasa A1 es más eficiente que la transferasa A2, en convertir la sustancia H en antígeno A. (3)

Los subtipos de ABO débiles son el resultado de mutaciones en el locus del gen ABO. La mayoría de estas mutaciones se localizan en el Fenotipo Bombay dentro del exón 7, que codifica el dominio catalítico. (Tabla 4)

Tabla 4. Expresión de los antígenos ABO por eritrocito

Grupo sanguíneo		Expresión		
A₁	Adulto	810.000	~	1.170.000
A₁	Recién nacido	250.000	~	370.000
A₂	Adulto	240.000	~	290.000
A₂	Recién nacido	140.000		
A,B	Adulto	460.000	~	850.000
A,B	Recién nacido	240.000	~	290.000
A₂B	Adulto	120.000		
A₃		7.000	~	100.000
Aₓ		1.400	~	10.000
A_end		1.100	~	4.400
Aₘ		200	~	1.900
A_el		100	~	1.400
B	Adulto	610.000	~	830.000
B	Recién nacido	200.000	~	320.000
A,B	Adulto	310.000	~	560.000

Fuente:Arbalaez C. Sistema de grupo sanguineo ABO Medicina & laboratorio Volumen 15, Numero 7-8,2009

Se denominan subgrupos a los que se diferencian por la cantidad de antígeno A, B u O (H) sobre los eritrocitos, entre los subgrupos A1 y A2 existen diferencias cualitativas y cuantitativas son inversamente proporcional como por ejemplo el subgrupo A1 posee más cantidad de antígeno A y menos H, mientras que el Ael tiene más sustancia H y menos antígeno A. (Tabla 5, 6)

Los anticuerpos ABO son una mezcla de IgM e IgG; sin embargo, los anticuerpos anti-A y anti-B son predominantemente del tipo IgM, en tanto que las personas con grupo sanguíneo O son de tipo IgG predominantemente.

Los anticuerpos ABO son débiles o ausentes en el suero de recién nacidos hasta los 3 a 6 meses de edad. Los niveles de anticuerpos ABO en adultos se alcanzan entre 5 y 10 años de edad y disminuyen sólo ligeramente con la edad. (2)

Los anticuerpos IgG de ABO, reactivos a 37 ° C, también pueden ocurrir después de la estimulación inmune por transfusión o embarazo. Estos anticuerpos son generalmente de título más alto y se neutralizan menos fácilmente por sustancias de grupo sanguíneo soluble.

Tabla 5: Grupo sanguíneos: genotipos, antígenos y anticuerpos presentes

Gen (o locus)	Alelo	Producto génico (proteína, glicosiltransferasa)	Antígeno (oligosacárido) generado por la glicosiltransferasa
Hh 2 alelos: H dominante, h recesivo	H	Fucosiltransferasa Galacósido 2-L-fucosiltransferasa EC 2.4.1.69	H
	h	No funcional	ninguno
ABO 3 alelos: A y B codominantes, O recesivo	A	Galactosaminiltransferasa Transferasa del grupo histo-sanguíneo A Glicoproteína-fucosigalactósido α-N-acetilgalactosaminiltransferasa EC 2.4.1.40	A
	B	Galactosiltransferasa Transferasa del grupo histo-sanguíneo B Glicoproteína-fucosigalactósido α-galactosiltransferasa EC 2.4.1.37	B
	O	No funcional	ninguno

Fuente: Luque J. Texto ilustrado de biología molecular e ingeniería genética. Sevier-España.p373-374

Tabla 6: Grupo sanguíneos: genotipos, antígenos y anticuerpos presentes

Grupos sanguíneos: genotipo, fenotipo, antigenos y anticuerpos presentes

Genotipo		Fenotipo	Glicosiltransferasas sintetizadas	Antigenos presentes	Anticuerpos en el plasma
HH o Hh	AA AO	grupo A	H y A	H (poco) y A	anti-B
	BB BO	grupo B	H y B	H (poco) y B	anti-A
	AB	grupo AB	H, A y B	H (poco), A y B	ninguno
	OO	grupo O	H	solo H (mucho)	anti-A y anti-B
hh (*)	AA AO	grupo O	A	ninguno	anti-H, anti-A y anti-B
	BB BO	grupo O	B	ninguno	anti-H, anti-A y anti-B
	AB	grupo O	A y B	ninguno	anti-H, anti-A y anti-B
	OO	grupo O	ninguna	ninguno	anti-H, anti-A y anti-B

(*) En el caso de genotipo hh no se sintetiza el antígeno H por lo que no se pueden sintetizar los antígenos A ni B aunque existan glicosiltransferasas de tipo A y/o B. Por tanto, el grupo sanguíneo es aparentemente O; se le llama fenotipo O: Bombay

Fuente: Luque J. Texto ilustrado de biología molecular e ingeniería genética Sevier-España.p373-374

Los anticuerpos ABO pueden fijar el complemento y pueden causar hemólisis in vivo e in vitro.

Grupo A: Posee antígenos A en la membrana plasmática de los glóbulos rojos y en el plasma, anticuerpo anti B.

Grupo B: Posee antígeno B en los eritrocitos y anticuerpo anti A en el plasma.

Grupo O: No tiene antígenos en la superficie de sus eritrocitos y en el plasma contiene un anticuerpo con doble especificidad anti A y anti B.

Grupo AB: Posee los dos antígenos A y B en las membranas plasmáticas de los glóbulos rojos y en el plasma carece de anticuerpos.

ABO es más considerado como un grupo histo sanguíneo que un grupo sanguíneo, debido a la ubicación de sus antígenos en otras células diferentes a los eritrocitos.

El gen ABO se localiza en el brazo largo del cromosoma 9 (9q34) y consiste en 7 exones, entre los cuales el exón 6 y 7 albergan la mayor parte del ADN que codifica el dominio catalítico entero de la enzima del ABO glicosiltransferasa. En cuanto a la genética existen tres genes que controlan la expresión de los Antígenos ABO.

El gen H ubicado en el cromosoma 19 codifica para la enzima transferasa H, el gen ABO ubicado en el cromosoma 9 posee tres alelos que son el A, el B y el O. Y el gen Se, también ubicado en el cromosoma 19 codificado por una enzima fucosiltransferasa que se expresa en los líquidos o secreciones como son las glándulas salivales, tracto respiratorio, y gastrointestinal; las personas secretoras pueden ser SeSE homocigotos o heterocigotos Sese los individuos no secretores son sese y por consiguiente no producen la forma soluble del antígeno H.

El gen que codifica la sustancia H está en el cromosoma 19, cabe resaltar de que los antígenos se definen como la secuencia de aminoácidos de una glicoproteína pero que esta va a depender de la presencia de carbohidratos para poder ser identificado o reconocido serológicamente y que muchas de esas complicaciones serológicas de los grupos sanguíneos son ahora explicado a nivel genético por una variedad de mecanismos, incluyendo mutación puntual, empalme alternativo de ARN, entre otras. (1)

Este sistema ABO es controlado por un gen que codifica para una glicosiltransferasa y tiene tres formas alélicas I^A, I^B, I^O donde los alelos I^A e I^B son codominantes y ambos son dominantes sobre I^O.

El sistema ABO es uno de los sistemas más importantes de la medicina transfusional, puestos que son los más inmunogénicos, pero que también consta de numerosas evidencias de asociación a enfermedades humanas, que incluyen malignidades como el cáncer gástrico, pancreático, de piel y hepatocelular. Existe, adicionalmente numerosas evidencias que apuntan a una asociación entre el sistema ABO y la susceptibilidad de contraer malaria en individuos expuestos a la infección por *Plasmodium falciparum*.

La importancia que tienen el polimorfismo en los grupos sanguíneos se sospechan que sean aloantígenos en el caso de las glicoproteínas y los glicolípidos que llevan la actividad del grupo sanguíneo, son a menudo explotados por microorganismos patógenos como receptores para la unión a las células y posteriormente a la invasión; sobreviviendo a la malaria que posiblemente sea la fuerza más significativa que afecta la expresión del grupo sanguíneo.

Sin embargo, afirman que en algunos casos los glóbulos rojos no tienen nada que ver. El objetivo para el parásito *Plasmodium falciparum* podría ser otras células que transportan la proteína. (4)

La tipificación de la sangre en búsqueda de anticuerpos y la fenotipificación de la misma (donante/receptor) es importante para determinar si estos se encuentran "aptos" o en las condiciones adecuadas para recibir la donación, como para realizar donación de sangre; siendo este el proceso principal para evitar alguna reacción adversa post-transfusional e incluso llevar a la muerte si se presenta una incompatibilidad, del componente a transfundir.

Dentro de los procesos de transfusiones, se debe tener en cuenta, la parte inmunológica que el cuerpo utiliza para defenderse cuando se presenta alguna incoherencia o incompatibilidad entre el donante y el receptor, en cualquiera de los casos existentes de las transfusiones, ya sea sanguínea, o de trasplantes de órganos o de tejidos.

En el caso de los trasplantes de órganos y tejidos es importante tener en cuenta que el receptor debe aceptar o tolerar el órgano trasplantado, es decir, que no reconoce como extrañas las células nuevas trasplantadas, siendo esto un tanto imposible, ya que entre el donante y el receptor existen una serie de diferencias tanto genéticas como fenotípicas como lo son el complejo mayor y menor de histocompatibilidad (CMH) y antígenos del sistema ABO; que impiden que este proceso se lleve a cabo sin la necesidad de la utilización de fármacos o medicamentos que prolonguen e intervengan en el proceso.

Se le llama discrepancia ABO cuando los hallazgos eritrocitarios no concuerdan o no se complementan con los séricos y viceversa; tanto el grupo directo como el inverso son requeridos en pacientes y donador, debido a que cada grupo sirve como una verificación del otro. Estos resultados incompatibles pueden ser debido a errores técnicos cometidos, problemas relacionados con las muestras en la evaluación eritrocitaria o sérica; o debido a que se presente una aglutinación en campo mixto.

Grupo I: anticuerpo ausente o débil "Poca reacción"

Grupo II: antígeno ausente o débil "poca reacción"

Grupo III: anticuerpo adicional "mucha reacción"

Grupo IV: anormalidades plasmáticas "mucha reacción"

"Cuando una discrepancia es encontrada, los resultados deberán ser registrados, pero la interpretación del tipaje ABO deberá ser postergado hasta que se resuelva la discrepancia. Si la muestra discrepante proviene de un receptor de transfusión potencial y existiera una urgencia clínica, es mejor emplear del grupo O Rh compatible a sus glóbulos rojos en lo que la discrepancia se resuelve." (5)

Para la solución de los diferentes grupos de discrepancia se debe actuar de acuerdo a cada grupo, para el grupo I se resuelve potenciando la reacción en prueba inversa, se debe incubar el suero del paciente con glóbulos rojos a temperatura ambiente por 15 minutos o a una temperatura de 4°C por 15 minutos e investigando la historia clínica del paciente.

En el grupo II se debe revisar la posibilidad de subgrupo A y B, el diagnóstico se realiza con un lavado de los glóbulos rojos del paciente con solución salina para eliminar cualquier problema de subgrupos específicos y repetir prueba.

Grupo III y IV se debe lavar glóbulos rojos del paciente con solución salina caliente (37°C).

El realizar el procedimiento completo y correctamente nos ayudará a detectar las discrepancias que evitarán un reporte equivocado. La historia clínica del individuo en estudio y el resultado arrojado por el laboratorio resolverán la incongruencia reportada, ayudando así a proporcionar el producto con el grupo sanguíneo adecuado. (6)

La importancia de la interpretación, el conocimiento de las pruebas y la historia clínica del paciente son relevantes para concordancia entre la prueba globular y la sérica, brindando una mejor garantía de la técnica y por ende unos resultados con alta calidad.

Gracias a este aporte de Landsteiner indujo a la transfusión sanguínea que es considerada como una medida terapéutica, esto se hace con el fin de mejorar o restablecer la salud del paciente. Sin embargo, este debe aplicarse con mucha precaución, ya que puede presentar reacciones adversas transfusionales y/o las transmisiones de enfermedades infecciosas, administrando la unidad de sangre no adecuada. Este sistema también ha tenido gran relevancia, no solo en la transfusión sanguínea, sino siendo de gran utilidad a la ciencia forense, trasplante de órganos. Por esto los glóbulos rojos todavía tienen mucho que enseñarnos.

Es importante mencionar el sistema Lewis cuando se habla del sistema ABO ya que este se encuentra íntimamente relacionado uno con el otro; a pesar de ser considerado inmunológicamente débil, este consta de dos importancias, la primera es que el locus Lewis interrelaciona su genética bioquímicamente con el locus ABO, por tanto es imprescindible tener en cuenta este sistema cuando se va a realizar algún estudio con respecto al sistema ABO. Segundo, este sistema Lewis es inicialmente plasmático y una vez que se forman bioquímicamente son absorbidos por la membrana eritrocitaria, los antígenos Lewis por tanto, son generados en el plasma. (7)

Sistema Rh

El sistema Rh fue descubierto en un primer momento por Levine y Stetson en 1939 los cuales observaron que en el suero de una mujer que dio a luz un feto muerto un anticuerpo que aglutinaba con los hematíes de su esposo. Más adelante en 1940 Landsteiner y Wiener realizaron estudios de experimentos con animales que involucraron la inmunización de cobayos y conejos con hematíes del macaco Rhesus el cual observan que éste desarrolla un anticuerpo que aglutinaba no solo con los eritrocitos del mono sino que también con el 85% de la población caracterizada por tener un tipo de sangre Rh positivo (+).

Es decir, producen el factor Rh, que es una proteína heredada localizada en la membrana de los eritrocitos; el porcentaje restante de la población, no tiene esa proteína por lo que se les denomina Rh negativo (-); gracias a este estudio de sensibilización recibe como nombre sistema Rh. Sin embargo, hace algunos años se observó que en realidad Landsteiner y Weiner no habían descubierto el anticuerpo Rh sino otro anticuerpo que fue denominado LW. (1)

Hoy en día, el sistema Rh es considerado el sistema de antígenos de glóbulos rojos más complejos en humanos, abarca más de 50 antígenos, muchas variantes fenotípicas y complejas relaciones serológicas; los principales son 6 (D, C, c, E, e y Cw) los que sus correspondientes anticuerpos causan un alto porcentaje de las situaciones clínicas que éste sistema compromete. (Tabla 7)

Tabla 7. Combinación de las diferentes propuestas para la terminología del sistema Rh

Fisher/Race	Wiener Rh-Hr	Rosenfield/ISBT*
CDe	R_1	RH 1, 2, 5
cde	r	RH 4, 5
DcE	R_2	RH 1, 3, 4
cDe	R_0	RH 3, 4
dcE	r"	RH 3, 4
Cde	r'	RH 2, 5
CDE	R_z	RH 1, 2, 3
CdE	r_y	RH 2, 3

*Propuesta numérica de la Sociedad Internacional de Transfusión Sanguínea para los antígenos del sistema Rh (004)

1	2	3	4	5	6	7	8	9	10	11	12	17	18	19	20	21	22	23
D	C	E	c	e	f	Ce	C"	CX	V	E"	G	Hr_0	Hr	hr"	VS	C^G	CE	Dw

Rev Med Inst Mex Seguro Soc 2005, 43 (Supl 1): 3-8

El anti-D se considera el más significativo clínicamente en la práctica transfusional. La formación del anti-D es consecuente a la exposición por transfusión o embarazo a eritrocitos que no poseen el antígeno D. La importancia clínica radica en las transfusiones de sangre, en los trasplantes y en los embarazos. Los individuos Rh negativo (-) desarrollan anticuerpos (aglutininas, de la clase IgG) contra el Rh positivo (+) ante la exposición a este. En las donaciones de sangre, la sangre se aglutinaría en caso de que el donante fuese positivo y el receptor negativo.

Anteriormente para este sistema había que tener en cuenta tres teorías:

La teoría de Fisher y Race, los cuales propusieron una teoría de herencia y un sistema de nomenclatura basado en la evidencia genética y las posiciones loci de cada antígeno presente.

La teoría de Wiener, la cual consiste en cinco factores o antígenos diferentes que son heredados como dos complejos de hasta tres factores cada uno, se realizó una serie de combinaciones de ocho formas, utilizadas como simbolización de cada antígeno.

Y por último **la teoría de Rosenfield** , que consiste en un sistema numérico utilizado para nombrar los antígenos del sistema Rh.

En 1986, Patricia Tippett propuso una teoría de la existencia de dos genes (RHD Y RHCE) que son responsables de la presencia de los antígenos del sistema Rh, la misma que fue confirmada por la clonación de ambos genes en 1990 por Colín y sus colaboradores y mediante estudios moleculares, se reveló la presencia de ambos genes en individuos RhD positivo, mientras que en individuos RhD negativo, solo se observó la presencia del RHCE, considerando esta teoría como la más actual y la utilizada hoy día.

Estos antígenos, pueden presentar alteraciones en su expresión dando origen a fenotipos débiles, parciales o delecionados, como productos de las variantes alélicas de los genes RH. El locus RH está compuesto por dos genes estructurales y adyacentes denominados RHD / RHCE que codifican dos proteínas transmembranales del eritrocito, RhD y RhCcEe respectivamente; la proteína RhD expresa el antígeno D, mientras que la proteína RhCE expresa tanto a los antígenos C o c (que involucran la segunda asa extracelular), junto con los antígenos E y e (que involucran la cuarta asa extracelular) de la misma proteína.

Los antígenos del Rh se expresan a partir de la sexta semana de vida intrauterina. Estos genes están formados por 10 exones cada uno y presentan un alto grado de homología. El sistema Rh presenta un gran interés clínico en obstetricia y medicina transfusional debido a la participación de sus aloanticuerpos en la destrucción inmune de los eritrocitos. (8)

El antígeno D es el más inmunogénico de todos los antígenos que conforman el sistema Rh, en 1946 se descubrió una variante cuantitativa del antígeno D expresado débilmente denominado D-débil conocida anteriormente como "Du", es de importancia clínica; en 1953 se termina de confirmar que hay una variante cualitativa del antígeno D denominado D-parcial, las personas con esta variante son positivos para el antígeno D, y también pueden formar un alo-anti-D.

La mayoría de los anticuerpos contra antígenos Rh son de isotipo IgG (IgG1 e IgG3), los anticuerpos anti-Rh son reactivos a 37 ° C. ¿Qué pasa en el cuerpo de la madre cuando hay incompatibilidad Rh? Cuando una mujer Rh negativo queda embarazada de un hombre con cuyo Rh es positivo, el bebé va a tener una mezcla de ambos factores sanguíneos.

Una vez que la madre entre en contacto con la sangre Rh positivo, su organismo va a reconocer como cuerpos extraños los glóbulos rojos del bebé creando automáticamente anticuerpos contra este que lo que van a hacer es destruirlos; el intercambio de sangre entre la madre y el feto no es tan grande hasta el momento del parto o la cesárea. Es importante tener en cuenta si la madre ha estado en contacto anteriormente con el antígeno D, ya sea por un embarazo, una transfusión, o un trasplante de órganos.

Si la madre queda embarazada nuevamente o pasa por una situación de riesgo y no se coloca una inyección de inmunoglobulina anti-D, los anticuerpos presentes van a atravesar la placenta y van a destruir los glóbulos rojos del feto, causando la Enfermedad Hemolítica del Recién Nacido (EHRN). Todas las mujeres Rh-negativas deben recibir inmunoglobulina Rh (IgG anti-D) profilácticamente en la etapa media de la gestación, siguiendo un procedimiento invasivo (es decir, amniocentesis) e inmediatamente después del parto para prevenir la aloinmunización.

La profilaxis con inmunoglobulina Rh también se recomienda en mujeres con fenotipos D parciales, ya que estas mujeres pueden estar en riesgo de desarrollar una aloinmunización D. (9)

Sistema Kell

A partir del año 1946 mediante prueba Coombs Mourant y Race descubren en el suero de una paciente el anti-K como causante de la EHRN; y más adelante en 1949 Levine describe el Anti-k o cellano como alelo antitético del anterior. Debido a su alta inmunogenicidad éste sistema es considerado después del sistema ABO y Rh uno de los más importante a nivel clínico.

El sistema de grupos sanguíneos de Kell consiste actualmente en 34 antígenos de alta y baja frecuencia; 11 antígenos de Kell pertenecen a cinco grupos de antígenos alélicos, mientras que el resto son antígenos predominantemente de alta incidencia (> 99% de la población). Muchos antígenos Kell de baja incidencia como K, Jsa, Ula, Kpa, Kpc, muestran distintas diferencias raciales. El antígeno Kell se encuentra en progenitores eritroides y megacariocitos, músculo esquelético y testículos, además se encuentran presentes en los glóbulos rojos desde la 10ma semana de gestación. (9)

Los anticuerpos anti-K pueden causar reacciones transfusionales así como anemia fetal en caso de incompatibilidad materno-fetal. El anticuerpo más comúnmente encontrado contra el sistema de grupo sanguíneo Kell es anti-K1, que es el segundo después de Rh D en inmunogenicidad. Los anticuerpos frente a los antígenos Kell son de isotipo IgG, derivados de la estimulación inmune vía transfusión o embarazo. (10)

Sistema Duffy

Este sistema fue descrito serológicamente en 1950, al encontrarse el primer anti-Fya en el suero de un hemofílico multitransfundido (al año siguiente se describe el primer anti-Fyb en el suero de una multípara).

Hoy conocemos que depende del gen DARC (Duffy antigen/receptor for chemokines en 1q22-q23), que codifica para una glucoproteína Duffy de 338 aminoácidos (CD234) que funciona como un receptor de quimosinas, (se ha especulado que podría funcionar como un sumidero para el exceso de quimosinas circulantes). (Tabla8)

Tabla 8. Antígeno Duffy

Antigen	ISBT symbol	ISBT no.
Fy^a	FY1	008001
Fy^b	FY2	008002
Fy³	FY3	008003
Fy⁴	FY4	008004
Fy⁵	FY5	008005
Fy⁶	FY6	008006

Fuente: G.M. Meny. Immunohematology Journal of Blood Group Serology and Education 2010. 26(2):51-56

Sus 2 alelos más comunes en individuos de raza caucásica (Fya/Fyb) suponen otro polimorfismo: se diferencian en el aminoácido 42 (glicina/aspártico, respectivamente). (7)

Plasmodium vivax, causante de malaria, requiere necesariamente este receptor para penetrar en el interior del hematíe y desarrollar su fase intracelular del ciclo vital. (Figura 3).

Figura 3: Descripción general de la interacción del merozoito p. vivax con los glóbulos rojos humanos

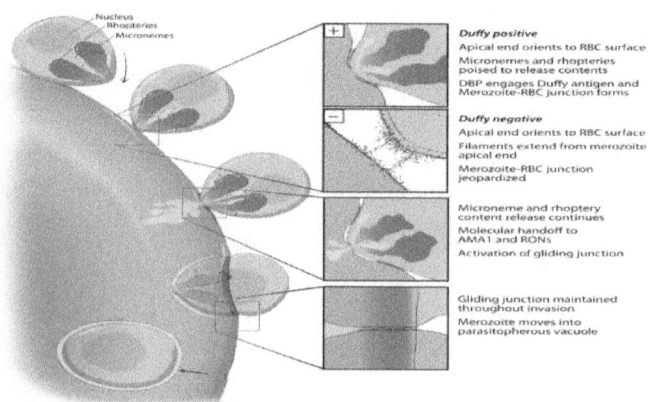

Fuente:Zimmerman PA[1], Ferreira MU, Howes RE, Mercereau-Puijalon O. Red blood cell polymorphism and susceptibility to Plasmodium vivax. Adv Parasitol. 2013;81:27-76. doi: 10.1016/B978-0-12-407826-0.00002-3

Una mutación puntual que bloqueó el promotor del gen habría dejado sin expresión Duffy eritrocitaria a algunos individuos negros del África occidental hace miles de años y hoy se aproximan al 100%, dada la presión selectiva que ha causado la enfermedad.

Estos sujetos -Fya-Fyb- están completamente protegidos frente a esta forma de malaria, por lo que *P. vivax* prácticamente ha desaparecido de estas zonas. Se da el fenómeno curioso de que estos individuos sí que expresan proteína Duffy en otros tejidos. (11)

Pero la lucha por la vida supone un cambio y adaptación constantes y afecta a todas las especies, de modo que trata al hematíe como glucoforinas A, B, C y D, (entre otras) perpetúa la epidemia; con más de un millón de niños muertos que *P. falciparum* produce cada año, está comenzando a afectar a otros sistemas de grupos sanguíneos (como el Gerbich) en áreas endémicas y se relaciona con la abundancia y la alta prevalencia de hemoglobinopatías (drepanocitosis y talasemias entre otras) de estas zonas (estas anomalías suponen una ventaja adaptativa, ya que permiten bloquear el ciclo eritrocitario del parásito).

Ambos locus del gen FY y RH residen en el cromosoma 1. Sin embargo, el locus FY se localiza en el brazo largo en la posición 1q22 → q23, mientras que RH reside en el brazo corto Fya y Fyb son antígenos antitéticos producidos por dominantes alelos, FYA y FYB. Anti-Fya y -Fyb se encuentran después de la transfusión o, con menos frecuencia, como resultado del embarazo. Rara vez ocurren naturalmente.

Los anticuerpos Duffy son predominantemente de la subclase IgG1, y el 50 por ciento de los ejemplos anti-Fya se unen al complemento. Anti-Fyb, identificado 20 veces menos frecuentemente que el anti-Fya, suele estar presente en sueros con otros aloanticuerpos. Ambos anticuerpos, provocan reacciones hemolíticas inmediatas y tardías. Cuando los individuos Fy (a-b-) Black desarrollan anticuerpos Duffy, suelen producir Anti-Fya que puede estar seguido por anti-Fy3 o anti-Fy5. (12)

Con respecto a la enfermedad hemolítica del feto y del recién nacido (HDFN), el anti-Fya se identificó en el 5,4 por ciento de los anticuerpos atípicos en un grupo de mujeres que recibían atención obstétrica en un centro terciario.

De los anticuerpos capaces de causar HDFN, los anticuerpos Kell del grupo sanguíneo fueron identificados con mayor frecuencia (22%). En contraste, anti-Fyb fue poco frecuente (0,2%). (11)

SISTEMA MNSs: Fue el segundo sistema sanguíneo descubierto después del sistema ABO, es considerado de importancia clínica, pero de muy baja frecuencia, escaso o en un porcentaje bastante diminuto, este sistema también puede producir enfermedades a nivel feto-materno y anemia.

SISTEMA KIDD: Descubierto en 1951 por la existencia de un caso el cual indicó la presencia de un anticuerpo que fue denominado Jka causante de una enfermedad hemolítica en el recién nacido, posteriormente apareció otro anticuerpo que se le denominó Jkb. (12)

SISTEMA LUTHERAN: Identificado en 1945 en suero de un paciente politransfundido, no se ha encontrado relacionado con EHRN, es IgG encontrado en suero de pacientes con lupus eritematoso, puede detectarse mediante prueba de Coombs y presenta una herencia tipo mendeliana codominante. (13)

Referencias

1. Daniels G, Human Blood Groups. [Seriado en Internet] 2013 [Citado febrero 12 de 2017]. Disponible en: https://leseprobe.buch.de/images-adb/f0/6b/f06b41e7-4683-45f5-99dc-3093c9010468.pdf

2. BPérez G. Fenotipo Bombay. [Seriado en Internet] Marzo 2010 [Citado Marzo 12 de 2017]. Disponible en: http://www.fenotipo.com/fenotipo_bombay

3. Chen Q, Li J, Xiao J, Du L, Li M, Yao G. Molecular genetic analysis and structure model of a rare B(A) 02 subgroup of the ABO blood group system. Volúmen 51, Número 2, Páginas 203-208 [Seriado en Internet] 2014-10-01 [Citado Marzo 08 de 2017]. Disponible en: https://www.clinicalkey.es/#!/content/playContent/1-s2.0-S1473050214001621?returnurl=http:%2F%2Flinkinghub.elsevier.com%2Fretrieve%2Fpii%2FS1473050214001621%3Fshowall%3Dtrue&referrer=

4. Almaguer Mederos LE, Betancourt Álvarez P. Genética poblacional para el sistema sanguíneo ABO en una población con malaria endémica. CCM [Internet]. 2014 Mar [Citado Marzo 18 de 2017 18(1): 08-17. Disponible en: http://scielo.sld.cu/scielo.php?script=sci_arttext&pid=S1560-43812014000100003&lng=es.

5. Kumawat V, Marwaha N, Ratti Ram S. Discrepancias del Grupo sanguíneo ABO: Causas y resolución. Indian Journal of Tranfusion Medicine. [Seriado en Internet] 2014 [Citado Marzo 18 de 2017]. Disponible en: http://biodiagnostico.com.uy/take27_low.pdf

6. Bautista Juárez J. Resolución de problemas por incongruencia en el sistema ABO. [Seriado en Internet] Ene.-Abr. 2010 [Citado Marzo 25 de 2017]. Vol. 3, Núm. 1 pp 14-17. Disponible en: http://www.medigraphic.com/pdfs/transfusional/mt-2010/mt101c.pdf

7. Arinsburg S.A., Skerrett D.L., Kleinert D., Giardina P.J., Cushing M.M. Immunohematology. [Seriado en Internet] 2013 [Citado Marzo 25 de 2017]. Volume 26, Number 3. Disponible en: http://www.redcross.org/images/MEDIA_CustomProductCatal og/m4440093_26_3_10.pdf

8. Cotorruelo Carlos, Biondi Claudia, García Borrás Silvia, Racca Liliana, Brunetti Daniel, Di Mónaco René et al. Aloinmunización a un antígeno del sistema Rh de alta frecuencia. Medicina (B. Aires) [Seriado en Internet]. 2006 Feb [Citado 2017 Abril 09]; 66(1): 46-48. Disponible en: http://www.scielo.org.ar/scielo.php?script=sci_arttext&pid=S00 25-76802006000100010&lng=es.

9. Gomes Vizzoni A, Matos Moreira HM. Prevalência de aloimunização eritrocitária em pacientes portadores de anemia falciforme. [Seriado en Internet] 2017 [Citado Abril 24 de 2017]. V. 42, N. 1. Disponible en: https://www.portalnepas.org.br/abcshs/article/view/950/762

10. Chargoy Vivaldo E, Azcona-Cruz MI, Ramírez Ayala R. Prevalencia del antígeno Kell (K+) en muestras obtenidas en un banco de sangre. Rev Hematol Mex. [Seriado en Internet] Abril 2016 [Citado Marzo 25 de 2017]. 17(2):114-122. Disponible en: http://www.medigraphic.com/pdfs/hematologia/re-2016/re162g.pdf

11. Pullas Bahamonde MF, Zúñiga Sosa EA. Fenotipos del sistema Duffy y su relación con malaria asintomática en pobladores del sector "50 casas" de la parroquia Vuelta Larga del cantón y provincia de Esmeraldas durante el periodo 2015 [Seriado en Internet] 2016[Citado Marzo 26 de 2017]. Disponible en:

http://repositorio.puce.edu.ec/handle/22000/12605

12. Bencomo Hernández AA, Aquino Rojas S, González Díaz I, Chang Monteagudo A, Morera Barrios LM, Rodríguez Leyva R. Caracterización de los antígenos y anticuerpos eritrocitarios en pacientes en espera de trasplante renal. Rev Cubana Hematol Inmunol Hemoter [Seriado en Internet]. 2016 Jun [Citado Marzo 22 de 2017]; 32(2): Disponible en: http://scielo.sld.cu/scielo.php?script=sci_arttext&pid=S0864-02892016000200007&lng=es.

13. Salvatierra V. Los sistemas sanguíneos y definiciones. [Seriado en Internet] 1 de dic. De 2009 [Citado Marzo 22 de 2017]. Disponible en: https://es.slideshare.net/norasalvatierra/otros-sistemas-sanguineos.

Capítulo II: Uso racional de hemoderivados

Jaime Villanueva Luna

Medico Hematólogo, Docente Universidad Metropolitana

Medicina transfusional

La medicina Transfusional es una especialidad multidisciplinaria que logra obtener el mayor conocimiento médico y genético para la correcta selección de la utilización de la sangre y sus hemoderivados con fines de obtener mejores beneficios tanto para el donante como para el receptor, esta disciplina incluye un profundo conocimiento de la genética humana de los grupos sanguíneos, su herencia, su inmunogenecidad y las propiedades de las diferentes proteínas y sustancias contenidas en la sangre humana con el fin del correcto uso, de la adecuada conservación y de la aplicación que evite rechazos y reacciones transfusionales por diferentes orígenes.

Principios básicos de Medicina transfusional

- -Obtener bases sobre medicina transfusional: historia, principios, actualidad.

- -Puntualizar y aplicar los criterios de transfusión de cada producto derivados de la sangre (PDS).

- -Conocer los diferentes tipos de eventos adversos.

- -Fortalecer el uso racional de PDS en pro de la seguridad del paciente con base en la educación médica continua y sistemas de control de prescripción de transfusiones.

Anemias y Transfusiones

En términos generales las anemias no son siempre indicativas del uso de la terapia transfusional, es necesario enfatizar sobre la causa de la anemia y establecer si son anemias agudas, por pérdida aguda de sangre, que son manejadas de manera inmediata. Las hay de diferentes maneras de acuerdo a la causa y al shock hipovolémico que se presente.

Las anemias crónicas como principio básico se tratan manejando la causa que las produce (1) y la terapia transfusional solo se indica cuando hay Cor-anémico, las causas de las anemias son múltiples y variadas (2) y unas pueden ser por fallo medular el cual suele ser producido, por déficit o daño estructural de la médula ósea (aplasia medular, hipoplasia medular, síndrome mielodisplásicos) o ser producida por déficit de los factores madurantes como son el déficit de hierro, ácido fólico o déficit de vitamina B12.(3)

Las deficiencias de hierro en el adulto, son en un alto porcentaje secundarias a pérdidas crónicas de sangre (4)(5)(6) de allí que el interrogatorio, el examen físico y los exámenes paraclínicos deben ser orientados para la búsqueda de la pérdida sanguínea, la cual se corrige eliminando la causa y se asocia con terapia de sulfato ferroso oral y en algunas ocasiones con hierro por vía intravenosa, la indicación de glóbulos rojos solo debe realizarse si hay tendencia al coranémico o sea falla cardíaca inminente, teniendo en cuenta que mejora la concentración de glóbulos rojos pero que los niveles 2,3 DPG (Difosfo Glicerato) solo permiten mejoría del estado funcional, entrega de oxígeno después de 12 a 24 horas de haber sido transfundido el pacientes.(7)

Los pacientes con deficiencia de ácido fólico generalmente están relacionados con pérdidas de la cantidad de ácido fólico orgánico por consumo (ejemplo, embarazo, anemias hemolíticas) por déficit de absorción o por inhibición por medicamentos (uso de antimaláricos, metotrexate y otros medicamentos) lo cual indica que su déficit se corrige dependiendo de la causa que lo produce y con el suministro adecuado del ácido fólico por vía oral y rara vez por vía intravenosa como sería el uso de folinato de calcio.(8) (9)

Solamente al igual que en las anemias ferropénicas la indicación de transfusion se limita a estados de cor-anemico. (5)(7)

Las anemias por deficiencia de vitamina B12 corresponden a las anemias macrocíticas o sea las anemias megaloblásticas igual que la deficiencia de ácido fólico. Este tipo de anemia suele suceder por déficit de factor intrínseco, sustancia que se produce en las células parietales de la mucosa intestinal, las cuales se atrofian por daño inmune de las células que llevan a la atrofia total de la mucosa gástrica.

Llevando a un déficit a nivel medular de vitamina B12 que al igual que el ácido fólico son fundamentales para la formación del ADN nuclear y facilitar la división y la eritropoyesis normal(13), además la vitamina B12 hace parte fundamental de la producción de mielina de los tejidos nerviosos asociándose polineuropatia y constituye la llama neuroanemia.

El tratamiento es con vitamina B12 intramuscular, cianocobalamina, de por vida de tal manera que la terapia transfusional pocas veces tiene indicaciones. (5)(7).

A nivel medular también las anemias se pueden producir por daños renal, por déficit de eritropoyetina. O pueden ser producidas porque la médula está infiltrada por células tumorales y o transformación leucémica. (10)(11).

El manejo de las leucemias agudas requiere poliquimioterapias agresivas para destruir las células malignas y por lo general siempre se asocian de transfusiones de glóbulos rojos y hemoderivados como son los concentrados de plaquetas. (12)(13)

Los pacientes con anemia falciforme suelen ser pacientes anémicos con bastante adaptación al estado anémico y solo en el caso de descompensación cardíaca, pueden manejarse con soluciones hidroelectrolíticas y para las formas crónicas el uso de la hidroxiurea (14).

Las pacientes con anemia falciforme y embarazo pueden ser trasfundidas para mejorar efectos secundarios y hacia el final de embarazo suele ser muy útil el uso de la exsanguinotransfusión, consistente en trasfusiones previas y flebotomías y aun con procedimientos de eritrocitosforesis. Se han demostrado efectos benéficos para disminuir la morbilidad y la mortalidad tanto materna como fetal. (14).

Hemoderivados

La sangre es obtenida en bolsas especiales que contienen Ácido Cítrico Dextrosa, y Adenina (ACD) o (CPD) con agregado de fosfato. La obtención en una bolsa múltiple a través de la donación sanguínea nos permite por métodos de centrifugación y diferentes temperaturas hacer la separación de los diferentes componentes sanguíneos, como lo son:

- Glóbulos rojos desleucocitados y fenotipados

- Concentrado de plaquetas por donación de varios donantes o por metodología de aféresis de un solo donante que es la metodología actual.

- Plasma fresco, el cual puede congelarse a -20° y guardarse para su aplicación.

- Preparación de críos precipitados donde se obtienen valores de factor octavo, el cual puede prepararse en pequeñas cantidades para su aplicación, sin embargo, su uso se ha ido restringiendo ya que contamos actualmente con factores liofilizados que nos permiten tener buenas concentraciones de factor octavo, factor noveno complejo proteínico y factor siete activado, los cuales se han obtenido cada vez con mayor purificación y utilizando metodologías que permiten la recolección a través de biotecnología.

Extracción y fraccionamiento de la sangre

La extracción y fraccionamiento de la sangre es un procedimiento que se realiza de acuerdo a las normas exigidas por el Ministerio de Salud y Protección Social, para la adecuada escogencia del donante y siguiendo los protocolos ya establecidos se procede a la recolección de la sangre.

Primero asepsia y antisepsia en el sitio de la vena escogida para la punción utilizando aguja calibre 16, conectada directamente a la bolsa recolectora (bolsas triples o cuádruples) la cual contiene ACD, CPD O CPDA bajo la estricta vigilancia médica de signos vitales y siempre bajo la vigilancia al pie del paciente hasta obtener el promedio de una cantidad total de 450 ml. (Tabla1)

Obtención de sangre total

Para pacientes previamente seleccionados (ver normas del Ministerio de Salud), después de obtenida la muestra de sangre se hace la separación de los diferentes hemoderivados

Tabla 1. Administración de componentes sanguíneos. Sangre total: tiene poco uso en la actualidad

Componente	Composición	Volumen	Indicaciones/respuestas
Sangre total	Eritrocitos, Hto 40%, plasma, leucocitos, plaquetas no funcionales	500 ml	Aumentar masa eritrocitaria, vol. Plasmático, anemia hipovólemica, transfusión masiva y exanguinotransfusión (RN)

Fuente: Elaboración propia

Dosis y administración

Transfundir por medio de un filtro y en un tiempo no > a 4 horas. No se debe almacenar sangre total en el banco de sangre. Obtener derivados de la sangre por medio de separación los mismos por centrifiguración.

Se prepara al extraer 200-250 ml de plasma de una unidad de sangre total. Se almacena 1-6 °C Hematocrito 70-80%. Hasta por 35 días en solución de almacenamiento

Cálculo de volumen de glóbulos rojos

Volumen de GRE:(Hto deseado- Hto. Paciente) volumen sanguíneo total/100 Volumen sanguíneo total: 70ml/Kg de peso.

Criterios de transfusión de glóbulos rojos empaquetados

Anemia sintomática (cor anémico), Hb < 7g/dl. Considerar en > de 65 años, enfermedad cardiovascular o respiratoria adjunta con Hb < 10 g/dl. Hemorragia activa, la pérdida de sangre ≥ 15 % del volumen sanguíneo.

Transfusión crónica en pacientes con anemia de cel. Falciformes/talasemia en niños. Antes importante procedimiento electivo Hb < 8. Cambio de glóbulos rojos en pacientes con anemia drepanocítica para alcanzar Hb = 10g/dL y HbS < 30%.

Contraindicación concentrada de eritrocitos

Sustituto inicial en restitución de volumen intravascular. No en Hb >10 g/dl. Individuos sanos con Hb 7-8 g/dl

Tabla 2. Concentrado de eritrocitos

Componente	Composición	Volumen	Indicaciones/respuestas
Concentrado de eritrocitos, paquete globular	Eritrocitos con hematocritos entre 45 y 60%	250 ml	Aumenta masa eritrocitos anemia normovolémica sintomática. 100 ml aumentan Hto entre 1 y 10% en pte. 70kg

Fuente: Elaboración propia

Tres indicaciones puntuales

- Prevención recurrencias de reacción febril no hemolítica (reacción febril en dos ocasiones previas, tasa 10%).

- Prevención de sensibilización a Ag. HLA en pacientes con anemia aplásica elegibles a recibir un trasplante de progenitores hematopoyéticos, o candidatos a trasplante renal.

- Reducción del riesgo de infección por CMV y/o VIH. 1 unidad estándar no filtrada de GR tiene $1-3 \times 10^9$ leucocitos totales. Prevención reacción febril: < 5 x 10 & 8 leucocitos totales. Prevención aloinmunización o reducir transmisión de CMV/VIH: <5 x 10 & 6 leucocitos total, de preferencia <1 x 10 & 6 leucocitos totales.

Tabla 3. Eritrocitos leucorreducidos

Componente	Composición	Volumen	Indicaciones/respuesta
Eritrocitos leucorreducidos	85% del volumen original de eritrocitos < 5 x 10 & 8 leucocitos	<85% del volumen original	Aumentar masa eritrocitaria, <5 x 10 & 6 leucocitos para disminuir riesgo de inmunización a los Ag. HLA leucocitarios, transmisión de CMV, y reacción febril.

Fuente: Elaboración propia

Concentrado plaquetario

Se preparan de 1 U de sangre con <8 horas de extracción: doble centrifugación 20-24°C. Centrifugación: separa el plasma rico en plaquetas (baja velocidad). Centrifugación: concentrado de plaquetas en un botón de plaquetas en 50 ml de plasma. (> Velocidad). Reposar 1 hora. 200 ml de plasma restante pobre en plaquetas: se congela por 8 horas = plasma fresco congelado.

Dosis y administración

Una unidad por cada 10 kg de peso. Adulto 70 kg: 7 unidades de concentrado plaquetario. Por cada unidad debe elevar la cuenta en 7500 plaquetas /ul a la hora. Por cada unidad debe elevar la cuenta en 4500 plaquetas /ul a las 24 horas. Excepto si hay estados refractarios, o reacciones no inmunológicas: fiebre, hipotensión, sepsis, esplenomegalia: disminuyen 30% el incremento esperado. 30% secuestradas en el bazo.

Tabla 4. Concentrado plaquetario

Componente	Composición	Volumen	Indicaciones/respuesta
Concentrado plaquetario	Plaquetas >5.5 x 10 & 10/unidad, eritrocitos, leucocitos, plasma	50 ml	Sangrado por trombocitopatía, 1 unidad/10 kg aumenta la cuenta plaquetaria 7500/U a la hora y 4500 a las 24 horas

Fuente: Elaboración propia.

Contraindicaciones transfusión de plaquetas

Púrpura trombocitopénica trombótica. Trombocitopenia por heparina. Prevención de sangrados espontáneos con recuento plaquetario por encima de 10.000 plaquetas. (Tabla 5)

Reacciones indeseables

Puede causar: fiebre, escalofrío, reacción alérgica.
Fiebre: no ASA. Solo acetaminofén.
Transfusión frecuente: aloinmunización al Ag HLA clase 1: estado refractario (no hay beneficio hemostático, ni elevación recuento plaquetario).

Riesgo infeccioso: contaminación y proliferación bacteriana.

Tabla 5. Plaquetas por aféresis

Componente	Composición	Volumen	Indicaciones/respuesta
Plaquetas por aféresis	Plaquetas >3 x 10 & 11/unidad, eritrocitos, leucocitos, plasma	300 ml	Sangrado por trombocitopatía, 1 unidad/10 kg aumenta la cuenta plaquetaria 7500/U A la hora y 4500 a las 24 horas. Equivale a 6 concentrados plaquetarios Aumenta cuenta plaquetaria >30.000/ul. Estado refractario: HLA compatibles

Fuente: Elaboración propia

Plasma fresco congelado

Los concentrados de plaquetas se obtienen a partir de donantes sanos, al cual se les trae en bolsa triple una unidad de sangre total, la cual se centrifuga inicialmente a baja revoluciones para obtener glóbulos rojos y plasma rico en plaquetas, el cual se centrifuga a temperatura de 20 a 22° a 5000 revoluciones por minuto y se obtiene un plasma sobrenadante pobres en plaquetas, pero con alto contenido proteico el cual se traspasa a otra bolsa satélite y se obtiene así el plasma pobre en plaquetas. El cual se congela a -5° y es denominado plasma fresco congelado.

De la centrifugación previa arriba explicada se obtiene un concentrado en el fondo de la bolsa de color blanquecino el cual corresponde al concentrado de plaquetas tomados de un solo donante, es decir una unidad de concentrado de plaquetas. (Tabla 6).

En la actualidad este proceso se ha modificado por el procedimiento denominado plaquetoféresis de un solo donante el cual es conectado a la máquina de aféresis de tal manera que la sangre del donante pase a la máquina y está bajo control estricto obtiene la unidad, la centrifuga y captura las plaquetas del donante y regresa a través de una segunda vía al donante, permitiendo asi realizar varios ciclos que permiten obtener hasta 14 concentrados de plaquetas en un tiempo no mayor de 2 horas.

Este procedimiento es monitoreado durante el tiempo que dure la donación y de acuerdo al protocolo de cada máquina de aféresis. Se obtienen en periodo de 2 horas.

Dosis y administración

Cada unidad eleva la cuenta de plaquetas en 30.000-60.000 x 10&9/L. Prueba de compatibilidad si contiene >5 ml eritrocitos. Por medio de filtro (leucorreducción)

Tabla 6. Plasma fresco congelado

Componente	Composición	Volumen	Indicaciones/respuesta
Plasma fresco congelado	Contienen todos los factores de la coagulación, una unidad internacional para cada factor./ml	200 ml	Alteraciones de la coagulación. Transfusión masiva.10 ml/kg de PFC elevan 25% Los niveles de factores de la coagulación.

Fuente: Elaboración propia

Se prepara a partir de sangre total. Se separa 200-250 ml posterior a flebotomía, se congela en menos de 8 horas a temperatura de 18°C. Se almacena durante 1 año. Cada ml contiene 1 UI de cada factor de coagulación. Factores: y VIII pérdida mínima de actividad

Plasma fresco congelado indicaciones

Se utiliza en pacientes con sangrado activo, deficiencia de múltiples factores de coagulación (hepatopatías). Transfusión masiva. Reemplazar plasma retirado en plasmaféresis (PU, SHU). Revertir efecto cumarínico. Déficit congénito de factor de coagulación sino se dispone de concentrado V-Xl.

Dosis y administración

Depende del cuadro clínico y enfermedad de base. Descongelar a 37°C, administrar por medio de filtro, <tiempo posible (< 24 horas). Descongelado: almacenar a 1-6 °C. Dosis 10-15 cc/ Kg / día: dividida en dos aplicaciones. Vigilar PT-PTT.

Criterios de transfusión de plasma fresco congelado

- Deficiencia documentada de factores de coagulación en el paciente que está sangrando / cirugía mayor anticipado / procedimiento invasivo en 24 horas: PT/PU> 1,5 veces de lo normal o INR> 5

- Sangrado activo con deficiencia del factor de coagulación probable pendiente PT/ PU

- Púrpura trombocitopénica trombótica.

- Intercambio de plasma en púrpura trombocitopénica trombótica (UP) y síndrome hemolítico urémico (SUH).

- Deficiencia Antitrombina III (AT III), proteína C o proteína 5.

- Toxicidad por Coumadin INR $\geq$ 9

Plasma fresco congelado- cuándo no utilizar

Como expansor de volumen (riesgo infección viral). Como fuente de proteínas en carencias nutricionales. Sobrecarga de volumen. Complicaciones: infecciosas e inmunológicas.

Crioprecipitados

Concentrado de ciertas proteínas plasmáticas. Preparado al descongelar 1 U de PFC a 1-6 °C: 15 cc del sobrenadante para resuspender el crioprecipitado. Congelar a -18°C. Almacenar hasta por 1 año. Cada bolsa crioprecipitado: 80-120 unidades de fracción coagulante factor VIII, 150 mg de fibrinógeno, 20-30% XIII, 40-70% Von Willebrand. (Tabla 7)

Tabla 7. Crioprecipitados

Componente	Composición	Volumen	Indicaciones/respuesta
Crioprecipitados	Fibrinógeno, factores VIII y XIII, factor de Von Willebrand.	15 ml	Deficiencia de fibrinógeno. 1 U/5 kg eleva el fibrinógeno 70 mg/100 ml. Deficiencia factor XIII, hemofilia A (algunos casos). Enfermedad de Von Willebrand, goma de fibrina.

Fuente: Elaboración propia.

48

Crioprecipitado-utilidad

- Hemofilia tipo A.

- Deficiencia de fibrinógeno (< 80-100 mg/100ml).

- Deficiencia factor XIII.

- CID.

- Enf. Von Willebrand.

- Sangrado por uremia.

Preparación goma para fibrina (hemostasis Qx.).

Dosis y administración

Procedimiento invasivo:

Fibrinógeno bajo: 1 bolsa por cada 5 Kg de peso. Enfermedad de Von Willebrand: 1 bolsa por cada 10 Kg de peso. Reposición pro coagulante factor VIII: cada bolsa eleva 2% la actividad. Descongelar a 37°C. Transfundir por filtro en menos de 6h.

Precaución:

Compatibilidad ABO. (Antiglobulina,hemólisis), infecciones, tromboembolismo por hiperfibrinogenemia.

Criterios de transfusión de crioprecipitados

1. Fibrinógeno < 100 mg / dl con sangrado activo o procedimiento anticipado cirugía mayor / invasiva
2. La enfermedad de von Willebrand o hemofilia que no responden a la desmopresina
3. Deficiencia de Factor XIII

Concentrado de factor VIII

Fraccionamiento industrial de PFC, después de flebotomía de hasta 20.000 donadores. Varias preparaciones: según la pureza de la proteína "actividad específica": unidades de factor de coagulación /por mg de proteína.1 UI de factor VIII es la actividad coagulante del factor VIII en 1 ml de plasma.

Pureza intermedia: 1-10% de la proteína

- Pureza alta: > 90% de la proteína.
- Concentrado de factor VIII- indicaciones-dosis-administración
- Indicaciones: Hemofilia tipo A, inhibidores de bajo título de factor VIII
- Vida media 8-12 horas.
- Profilaxis — sangrado leve 30-50 U/Kg de peso. Sangrados mayores 50 -100 U/Kg de peso. Administrar previa filtración, bolo IV cada 8 -12 h, o en infusión continua por 12 horas. Escogencia de la sangre de acuerdo al grupo sanguíneo.

En la escogencia de la sangre para los pacientes es necesario que haya coincidencia entre el donante y el receptor, con énfasis en el sistema ABO y sistema Rh, dada las características que el sistema ABO tiene además en los antígenos del sistema anticuerpos naturales que varían para cada uno de los grupos como ya se mencionó en el capítulo uno y aquí resaltamos el siguiente cuadro:

El grupo sanguíneo A tiene el antígeno A y en el suero o plasma tiene un anticuerpo diferente que es el anti B. El grupo sanguíneo B tiene el antígeno B y en el suero o plasma tiene un anticuerpo diferente que es el anti A. El grupo sanguíneo O no tiene antígenos y en el suero o plasma tiene dos anticuerpos anti A y anti B. El grupo sanguíneo AB tiene dos antígenos A y B, en el suero o plasma no tiene anticuerpos (Tabla 8)

Tabla 8. Grupo sanguíneo (Antígenos y anticuerpos)

Antígeno	Anticuerpo
A	Anti B
B	Anti A
O	Anti A y Anti B
AB	No tiene
	Anti B

Fuente: Elaboración propia

Para efectos de la transfusión de los Glóbulos Rojos cuando no se tiene el grupo correspondiente se recomienda la tabla 9 para el receptor:

Tabla 9. Efectos de la transfusión de los Glóbulos Rojos cuando no se tiene el grupo sanguíneo

Grupo del paciente	Glóbulos a recibir
Grupo A	A primera opción y O segunda opción
Grupo B	B primera opción y O segunda opción
Grupo O	Primera opción O, no tiene ninguna otra opción
Grupo AB	Primera opción AB, luego A o B u O

Fuente: Elaboración propia

Aplicación de Plasma

Aquí es de gran importancia siempre recordar que los plasmas tienen anticuerpos potentes que pueden ocasionar hemolisis si no se logra aplicar de manera correcta, de tal manera que es importante tener en cuenta la siguiente tabla para evitar reacciones graves.

Tabla 11. Aplicación de plasma

Receptor	Plasma a recibir
Grupo A	A primera opción, AB segunda opción
Grupo B	B primera opción, AB segunda opción
Grupo O	O primera opción, segunda opción cualquier otro plasma
Grupo AB	AB primera opción, no tiene más opciones.

Fuente: Elaboración propia.

Referencias

1. Beutter E, waolen J. The definition of anemia. Blood 2006:107(5)

2. Teferi A, anemia adults: a contemporady a approach to diagnostic. Moyo clinic proce. 2003;78 (10): 1264 – 1280

3. Robinson B, ARTZ AS, cullenton B et all. Prevalencie of anemia

in the nursing home. J A M geriatric soc 2007; 55(10):1566-1570

4. Chan lewetal: perniciosus anemia in chinesi: A study of 181 patients in adults Medecine 85: 129- 2006.

5. Goodnaigh LT. Blood Managemet: Transfusion medicine comes og age. Lancet 2013,381(98-80):1791-1792.

6. Carson JL, grosman BJ, kleiman S et all. Red Blood cell transfusion: a Clinical practice quideline from the AABB. ANN internen Medice: 2010:157(1)49-58

7. Bloodless Medicene: what to do then you can not transfuse. Linda MS resar and Steven M Frank 56 Th anual Meeting exposicition dec 6-9,2014:553-558

8. esch bacch J.W Kelly MR at all. Treament of the anemia of progresive renal failure with reconbinalt human eritropoietin nens J med 1989,321(3)158-163.

9. Chan jew et all: perniciosus anemia in chinese: a study of 118 patients in adults medicine 85: 129,2006.

10. Harrison"s, Hematologi and oncology Dan L Longo 2da editin. Aplastic anemia, mylo displasia and ralated bone marrow failure Syndrome. Chaper 11, 127 – 140. 5 mayo de 2014.

11. Waters JH, Ness NM. Patient Blood manegement a growing challenge and oportunity. Transfusion 2011,51(5):902-903

12. Drassar E. yasada N, at all. Blood transfusion usage among adults with sickee cell disease. BRJ hematol, 2011; 152(6):766-770.

13. Corwin Hl, gettingee. A, Fabian TC, et all. Eficacy and safety of epoetin alfa in critically ill patients. N.Eng j. Med 2007:357(10):965-976.

14. ser mock KM, Horn E, rice T.L eritropoietic agents for anemia of critical illness. Am. J heath syst pharm. 2008; 65(6): 540-546.

Capítulo III: Reacciones transfusionales

Carlos Andrés Rosero

Médico Internista Universidad Metropolitana

Introducción

Anualmente, alrededor de 14 millones de unidades de sangre completa y concentrados de glóbulos rojos (CGR) se transfunden en todo el mundo; en los Estados Unidos, aproximadamente 36,000 unidades de CGR, 7000 unidades de plaquetas y 10,000 unidades de plasma fresco congelado (FFP) se transfunden cada año.

Las transfusiones de sangre son uno de los procedimientos más comunes para los pacientes en el entorno hospitalario, están asociadas con riesgos y costos sustanciales; por lo tanto, los profesionales de la salud deben comprender los riesgos relacionados con la administración de productos sanguíneos.

Aunque el conocimiento es cada vez mayor de la eficacia clínica de la transfusión restrictiva en algunos entornos clínicos, de tal manera que los médicos están motivados a considerar alternativas a la transfusión y tomar decisiones de tratamiento diferentes para evitar transfusiones innecesarias, aunque estas siguen siendo un componente esencial de la atención en ciertas poblaciones de pacientes.

Las reacciones transfusionales son el evento adverso más frecuente asociado con la administración de productos sanguíneos, que se producen en hasta una de cada 100 transfusiones. Una reacción a la transfusión puede provocar una gran incomodidad para el paciente y una carga adicional para el sistema de atención médica. Aunque raras, aproximadamente una de cada 200.000-420.000 unidades están asociadas con la muerte.

Dada la diversidad de riesgos, los médicos deben tener información accesible sobre la naturaleza, las definiciones y el tratamiento de los eventos adversos relacionados con la transfusión.

La transfusión de productos sanguíneos en cuidados críticos es común; los diferentes estudios estiman que del 15% al 53% de los pacientes críticos se transfunden durante su estadía en cuidados intensivos.

La transfusión de sangre en la unidad de cuidados intensivos se usa principalmente para aumentar la capacidad de transporte de oxígeno reducida por la anemia.

La anemia en la unidad de cuidados críticos es multifactorial y puede estar asociada con deficiencias nutricionales de hierro, folato o vitamina B, hemólisis, coagulopatías, deficiencias de eritropoyetina y pérdida de sangre debido a traumatismo, cirugía, hemorragia o iatrogenia.

Aunque la transfusión es una práctica común en la unidad de cuidados intensivos, no deja de tener complicaciones.

Recientemente, diferentes estudios analizaron 125 conjuntos de datos que representan a 25 países de la base de datos de la red de hemovigilancia internacional y determinaron que la tasa de reacciones adversas a la transfusión de productos sanguíneos fue de 660 por cada 100.000 individuos; casi el 3% de estos fueron categorizados como severos.

La mortalidad asociada a la transfusión fue de 0,26 muertes por 100.000; casi el 60% de las muertes se debieron a sobrecarga circulatoria asociada a transfusión (TACO), lesión pulmonar relacionada con transfusión (TRALI) y disnea asociada a transfusión (TAD).

Harvey y colegas, analizaron datos de transfusiones de 77 instalaciones en los Estados Unidos y encontraron que hubo 239.5 reacciones adversas por cada 100,000 unidades transfundidas.

Las reacciones alérgicas fueron el tipo más común con 112.2 reacciones por 100,000 unidades transfundidas. Se produjeron reacciones adversas graves a una tasa de 17.5 por 100.000 unidades transfundidas.

La transfusión de plaquetas tuvo la tasa más alta a 421.7 por 100,000 unidades; las tasas para CGR, plasma y crioprecipitado fueron 205.5, 127.7 y 5.6 por 100,000 unidades, respectivamente.

Contexto histórico

Aunque las referencias a la transfusión de sangre pueden encontrarse ya en el año 32 a. C. en los primeros mitos griegos y romanos, es probable que se refieran a beber sangre en lugar de transfusión real tal como lo entendemos. En 1612, William Harvey describió el sistema circulatorio y, posteriormente, una variedad de científicos describieron e intentaron transfusiones, principalmente en animales.

A principios de 1800, el Dr. James Blundell realizó las primeras transfusiones de humano a humano informado; la primera transfusión exitosa fue de su asistente a una mujer con hemorragia posparto.

Sin embargo, algunos intentos tempranos transfundieron sangre de cadáveres a pacientes vivos para el tratamiento de diversas enfermedades.

En 1900, Landsteiner y otros científicos describieron 4 tipos de sangre y posteriormente propusieron un sistema de clasificación para uso internacional; este sistema fue adoptado universalmente en la década de 1950.

Con la necesidad del tratamiento de los pacientes después de un trauma de guerra durante la Segunda Guerra Mundial, las transfusiones directas de sangre completa se reemplazaron por una transfusión de componentes una vez que la ciencia desarrolló técnicas para la separación de sangre completa y el almacenamiento de componentes.

Sin embargo, los informes de hepatitis del receptor después de la transfusión finalmente condujeron a la detección de sangre del donante para detectar enfermedades infecciosas. Además de la transmisión infecciosa, (1) se observaron y describieron reacciones adversas múltiples en los últimos 200 años.

De hecho, el Dr. Blundell informó varias reacciones adversas con sus transfusiones iniciales de persona a persona. Los investigadores y los médicos ahora están al tanto de las múltiples reacciones adversas que pueden ocurrir; datos recientes demostraron que TRALI y TACO representaron el 38% y el 24%, respectivamente, de muertes asociadas a transfusiones de 2011 a 2015.

Cuáles son los riesgos asociados a transfusión

Tradicionalmente, se ha asumido que la transfusión de sangre beneficia a los pacientes; sin embargo, el beneficio no ha sido demostrado en muchos escenarios clínicos. Además, se está acumulando evidencia sobre reacciones adversas no virales que pueden causar daño en el paciente, como la sobrecarga circulatoria asociada a transfusión (TACO por sus siglas en inglés) o la lesión pulmonar aguda asociada a transfusión (TRALI por sus siglas en inglés), las cuales son más comunes de lo que se pensaba, y que otras condiciones identificadas más recientemente (como la inmunomodulación asociada a la transfusión).

El riesgo de transmisión de enfermedades infecciosas a través de la transfusión se ha reducido significativamente en los últimos años, por la mejora de los procesos de producción y de laboratorio (1). Sin embargo, todavía existe un potencial de transfusión de agentes infecciosos no reconocidos. A pesar de las mejoras en los sistemas de gestión, sigue existiendo un riesgo de daño relacionado con la transfusión debido a errores administrativos. Tales errores tienen el potencial de dar lugar a la reacción hemolítica aguda de la incompatibilidad ABO, que puede ser fatal.

En Colombia no existen estadísticas que identifiquen cual es el riesgo de transfusión en la última guía de práctica clínica basada en la evidencia para el uso de componentes sanguíneos que está en proceso de adopción publicada en el año 2016, se toman estadísticas de la cruz roja australiana y la clasificación de Caldman de riesgo del Reino Unido (Tabla 1)

Tabla 1. Clasificación de CALMAN (Riesgo en el reino unido por año)

Clasificación	Tasa	Ejemplo
Insignificante	<1 en 1,000,000	Muerte por un rayo
Mínimo	1 en 100,000 – 1,000,000	Muerte por accidente de tren
Muy bajo	1en 10,000 – 100,000	Muerte por accidente de trabajo
Bajo	1 en 1,000 – 10,000	Muerte por un accidente de tráfico
Alto	>1 en 1,000	Transmisión de la varicela a los contactos domésticos susceptibles

* Calman, K. The Health of the Nation. British Journal of Hospital Medicine 56(4) 125 – 126 1996. Disponible en http://www.ncbi.nlm.nih.gov/pubmed/8872334

Clasificación de las reacciones transfusionales

Una reacción adversa Transfusional (RAT) es una respuesta indeseada e imprevista asociada a la transfusión de sangre o sus componentes o derivados, que se presenta durante o después de la transfusión.

La transfusión afecta la seguridad del paciente-receptor, estas se pueden asociar directamente con la calidad de los componentes sanguíneos, o bien, con factores idiosincrásicos de cada paciente. (Tabla 2)

Tabla 2. Riesgo de transfusión

Riesgo asociado a la transfusión	Tasa estimada (Más alto riesgo a más bajo riesgo) (a)	Calificación Calman (b)
Sobrecarga circulatoria asociada a la transfusión —TACO (iatrogénica)	Hasta 1 de cada 100 transfusiones	Alta
Lesión pulmonar aguda asociada a la transfusión -TRALI	1 en 1.200 - 190.000	Bajo a mínimo
Reacciones hemolíticas	Tardías 1 en 2.500 - 11.000 Agudas 1 en 76.000 Fatales Menos de 1 en 1 millón	Bajo a muy bajo Muy bajo Insignificante
Reacciones anafilactoides o anafilaxis (generalmente debido a deficiencia de IgA)	1 en 20.000 - 50.000	Muy bajo
Sepsis bacteriana plaquetas	1 en 75.000	Muy baja
Sepsis bacteriana glóbulos rojos	1 en 500.000	Mínima
Hepatitis B	Menos de 1 en 1 millón	Insignificante
Hepatitis C	Menos de 1 en 1 millón	Insignificante
Virus de inmunodeficiencia humana	Menos de 1 en 1 millón	Insignificante
Virus T-linfotrópico humano (tipos 1 y 2)	Menos de 1 en 1 millón	Insignificante
Malaria	Menos de 1 en 1 millón	Insignificante
Enfermedad de Creutzfeldt-Jakob (no tamizado)	Nunca reportado en Australia	Insignificante
Enfermedad de injerto contra huésped asociada a la transfusión	Rara	Insignificante
Inmunomodulación asociada a la transfusión	No cuantificable	Desconocido

a. Riesgo por unidad transfundida a menos que se especifique lo contrario
b. Ver Calman 1996 (*)
Fuente: Servicio de Sangre de la Cruz Roja Australiana (www.transfusion.com.au)

Nota: Las estimaciones anteriores pueden cambiar con el tiempo. Consulte el sitio web del Servicio de Sangre de la Cruz Roja Australiana (www.transfusion.com.au) para obtener las estimaciones de riesgo más reciente.

Tipos de reacciones transfusionales

Reacciones transfusionales agudas no infecciosas

a. Reacciones febriles no hemolíticas

b. Reacciones alérgicas

c. Reacciones hemolíticas agudas

d. Hemólisis no inmune

e. Daño pulmonar agudo relacionado con la transfusión (TRALI)

    f. Sobrecarga circulatoria relacionada con la transfusión (TACO)

    g. Reacciones metabólicas: Toxicidad por citrato, hipotermia, trastorno de los electrolitos

    h. Reacciones hipotensoras

Reacciones transfusionales tardías no infecciosas

    a. Reacciones hemolíticas tardías

    b. Púrpura postransfusional

    c. Enfermedad injerto contra huésped

    d. Efectos inmunomoduladores de la transfusión

    e. Sobrecarga de hierro

Enfermedades transmitidas por la transfusión

    a. Contaminación bacteriana de los componentes sanguíneos

    b. Infecciones virales: Hepatitis B, C, (1) VIH, - Virus linfotrópico humano (HTLV I, II), Citomegalovirus, Virus de Epstein Barr, Parvovirus B19.

    c. Otras infecciones: Sífilis, Priones, Malaria, Chagas, Fiebre amarilla, Dengue.

Se realiza una revisión de las reacciones transfusionales más frecuentes con énfasis en TRALI teniendo en cuenta que se asocia con mayor mortalidad. El diagnóstico es complejo, es muy poco reconocido y reportado por el personal de salud.

Reacciones agudas

Las reacciones adversas agudas a la transfusión son aquellas que ocurren dentro de las 24 horas; sin embargo, la mayoría ocurre dentro de las 4 horas de la transfusión. Las reacciones agudas pueden ser de origen inmune o no inmune. Las reacciones adversas inmunitarias ocurren típicamente en respuesta a antígenos en los eritrocitos transfundidos o leucocitos, plaquetas o proteínas plasmáticas.

Estas reacciones incluyen reacción transfusional hemolítica

aguda (AHTR), reacción transfusional febril no hemolítica (FNHTR), reacciones alérgicas y anafilácticas y TRALI. Las reacciones no inmunes incluyen infección o sepsis relacionada con la transfusión, TACO y la disnea aguda dentro de las 24 horas de la transfusión (2).

Reacción transfusional hemolítica aguda

Entre 2011 y 2015, se notificaron 37 reacciones transfusionales hemolíticas fatales a la Administración de Alimentos y Medicamentos de los Estados Unidos (FDA); 7,5% se debieron a la incompatibilidad ABO (2). Las reacciones transfusionales hemolíticas producen una destrucción acelerada de los eritrocitos debido a la interacción entre los antígenos en los eritrocitos del donante y los anticuerpos del receptor, o antígenos en los eritrocitos receptores y los anticuerpos en el plasma del donante.

Los anticuerpos en estas reacciones son típicamente de la clase de inmunoglobulina M (IgM) de anticuerpos, y la reacción puede ser extravascular o intravascular. Con la hemólisis intravascular, 200 ml de eritrocitos se pueden hemolizar en 1 hora y la hemoglobina total se puede reducir en 5 g en unas pocas horas (3).

La consecuencia de la destrucción intravascular de eritrocitos es la liberación de hemoglobina libre, que en la circulación estará unida a proteínas plasmáticas, haptoglobina, hemopexina y albúmina. Una vez que estas proteínas de plasma son saturadas, hemoglobina libre se filtra en el glomérulo y puede ser reabsorbida, o se excreta en la orina cuando se excede la capacidad de reabsorción del túbulo renal (4).

Con la activación completa del complemento, las células cebadas también se estimulan para liberar histamina y serotonina; el resultado es vasodilatación, filtración de plasma desde el endotelio vascular a la pared, el tercer espacio de fluido vascular y la posterior hipotensión.

Además, la hemólisis estimula la liberación de citocina de los leucocitos y la consecuencia es un síndrome de respuesta inflamatoria sistémica, con fiebre posterior, hipotensión, activación de neutrófilos, moléculas de adhesión y daño endotelial (4). La activación simultánea del sistema calicreína-cinina y la cascada de coagulación aumenta aún más la permeabilidad capilar, produce dilatación arteriolar y coagulación intravascular diseminada con coagulación microcirculatoria difusa.

El consumo de factores de coagulación y el sangrado difuso son la consecuencia. La disfunción orgánica múltiple y la eventual falla orgánica pueden surgir. Los hallazgos de laboratorio incluyen hemoglobinemia, hemoglobinuria, prueba directa positiva de Ab (DAT) y hallazgos de CID (tiempo prolongado de protrombina / tiempo parcial de tromboplastina, trombocitopenia, hipofibrinogenemia), el manejo incluye (5).

- La furosemida y la administración de líquidos para eliminar la hemoglobina libre y reducir la probabilidad de insuficiencia renal aguda, el tratamiento sintomático de la anemia, la hipotensión y la CID, la transfusión de componentes sanguíneos según la necesidad de cada paciente (5).

Reacción transfusional febril no hemolítica

La reacción transfusional no hemolítica es el evento adverso asociado a la transfusión más frecuente, con una prevalencia del 60% de todas las reacciones adversas. Dentro de las 4 horas de la transfusión, las personas desarrollan fiebre (aumento desde la temperatura previa a la transfusión de 1.8 ° F o 1 ° C) con o sin escalofríos; otros posibles síntomas incluyen náuseas y vómitos, disnea e hipotensión que no pone en peligro la vida (6).

Los síntomas suelen ser autolimitados, pero el riesgo de recurrencia con una transfusión posterior es del 15%. FNHTR son causados por la transfusión de citoquinas proinflamatorias acumuladas durante el almacenamiento de los componentes, y la interacción de los anticuerpos del receptor y el antígeno leucocitario humano o antígenos específicos de leucocitos en leucocitos donantes (6).

La concentración de citoquinas proinflamatorias está asociada con el tiempo de almacenamiento. Cuanto mayor es el tiempo de almacenamiento, mayor es la concentración de citoquinas proinflamatorias; la leucorreducción de componentes prealmacenados reduce este efecto hasta en un 50%.

La probabilidad de FNHTR aumenta a medida que aumenta el número de unidades transfundidas; en individuos de 65 años de edad en adelante, las probabilidades de un FNHTR fueron 15% y 25% mayores con el sexo femenino y transfusión previa en el año anterior (6).

El manejo es sintomático: antipirético, narcótico para escalofríos y dolor, para una transfusión posterior: leucorreducción, lavado de productos y transfusión.

Reacciones de transfusión alérgicas y anafilácticas

Las reacciones menores de tipo alérgica ocurren en hasta el 31% de los pacientes; sin embargo, se informó que la mortalidad por anafilaxia fue solo del 5% de todas las reacciones en el período de 2011 a 2015. Por lo tanto, las reacciones alérgicas son comunes, pero las reacciones anafilácticas son raras (7).

Las reacciones alérgicas se asocian comúnmente con urticaria, rubor y prurito. Las reacciones alérgicas son típicamente reacciones de hipersensibilidad tipo 1 mediadas por IgE. La activación de mastocitos y basófilos produce la liberación de mediadores inflamatorios como histamina, leucotrieno y prostaglandina; la activación del complemento y las citocinas proinflamatorias liberadas por los macrófagos también contribuyen a este tipo de reacción (8).

Los receptores de transfusión reaccionan a un compuesto inmunológicamente activo en el componente sanguíneo transfundido; el receptor ha sido previamente sensibilizado a este compuesto.

El estímulo real para la reacción es típicamente desconocido, pero puede incluir proteínas plasmáticas como haptoglobina, complemento y albúmina, y productos químicos que pueden incluir medicamentos ingeridos por el donante antes de la donación. También se ha sugerido que los alérgenos alimentarios en la sangre del donante producen reacciones de transfusión alérgicas, pero actualmente no hay datos que respalden esta hipótesis (9).

Aunque es raro, las reacciones anafilácticas a la transfusión pueden ser mortales; estos son causados por anticuerpos del receptor a las proteínas plasmáticas del donante. Los síntomas son los de la anafilaxia e incluyen angioedema, estridor, dificultad respiratoria y broncoconstricción con disnea y sibilancias. La histamina también produce vasodilatación y una disminución significativa de la resistencia vascular sistémica con hipotensión posterior. El manejo depende del tipo de reacción si es leve antihistamínicos si es anafiláctica: epinefrina IM, corticosteroides, antihistamínicos, bolo de líquidos para manejo de hipotensión (9).

Lesión pulmonar aguda relacionada con la transfusión (TRALI)

Definida como la aparición de dificultad respiratoria después de la transfusión de sangre, ha sido considerada durante mucho tiempo como una complicación rara de la medicina de transfusión. Sin embargo, en la última década, la perspectiva ha cambiado.

El desarrollo de una definición de consenso internacional ha ayudado a la investigación de TRALI, produciendo una mayor incidencia en poblaciones específicas de pacientes que las reconocidas previamente (10).

Los pacientes que sufren un trastorno clínico como la sepsis son cada vez más reconocidos como en riesgo de desarrollar TRALI. De este modo, a partir de un diagnóstico por exclusión, TRALI se ha convertido en la principal causa de mortalidad relacionada con transfusiones. Sin embargo, el síndrome aún está infradiagnósticado y no se informa lo suficiente en algunos países (11).

La incidencia de TRALI se estima entre 0.08% y 15% de los pacientes que reciben una transfusión de sangre. La diversidad en los síntomas clínicos, la ausencia de marcadores específicos de la enfermedad y las pruebas de diagnóstico, y la ausencia de una definición clara podrían todos haber contribuido a una gran variación en las estimaciones de la incidencia de TRALI. Es de destacar que la incidencia es de 50-100 veces mayor en la población en estado crítico que en la hospitalización general (11).

Definición y diagnóstico

TRALI es un diagnóstico clínico para el cual no hay pruebas de diagnóstico disponibles. El síndrome inicialmente se consideró como la aparición de dificultad respiratoria debido al edema pulmonar no cardiogénico inducido por anticuerpos. La ausencia de una definición internacional para TRALI previamente contribuyó al infradiagnóstico.

Como tal, un panel de consenso y el Grupo de Trabajo del Instituto Nacional del Corazón, los Pulmones y la Sangre de EE. UU. En 2004, formularon una definición de caso de TRALI basada en parámetros clínicos y radiológicos (12) los cuales son:

Sospecha de TRALI

- •Inicio agudo dentro de las 6 h de transfusión de sangre

- •Pa O_2 / F I O_2 <300 mm Hg, o empeoramiento de la relación PAFI

- •Cambios infiltrativos bilaterales en la radiografía de tórax

- •No hay signos de edema pulmonar hidrostático (presión de oclusión arterial pulmonar ≤18 mm Hg o presión venosa central ≤15 mm Hg)

- •Ningún otro factor de riesgo para lesión pulmonar aguda (12)

Posible TRALI

Igual que para la sospecha de TRALI, pero otro factor de riesgo presente para la lesión pulmonar aguda.

TRALI tardío

Lo mismo que para (posible) TRALI y aparición dentro de las 6-72 h de transfusión de sangre (12). Aunque esta definición parece ser sencilla, las características de TRALI son indistinguibles de la lesión pulmonar aguda por otras causas, como la sepsis o la contusión pulmonar.

Por lo tanto, esta definición descartaría la posibilidad de diagnosticar TRALI en un paciente con un factor de riesgo subyacente para una lesión pulmonar aguda que también haya recibido una transfusión. Para identificar estos casos, se desarrolló el término posible TRALI que permite la presencia de otro factor de riesgo para la lesión pulmonar aguda (12).

Factores de riesgo del paciente y relacionados con la transfusión

Estos factores intervienen en la fisiopatología del TRALI interactuando entre sí en dos fases, denominadas primer golpe relacionado con factores propios de cada paciente y segundo golpe relacionados con la transfusión, los cuales se describen en la Figura 1 (13)

Figura 1.
Fisiopatología del TRALI interactuando entre sí en dos fases

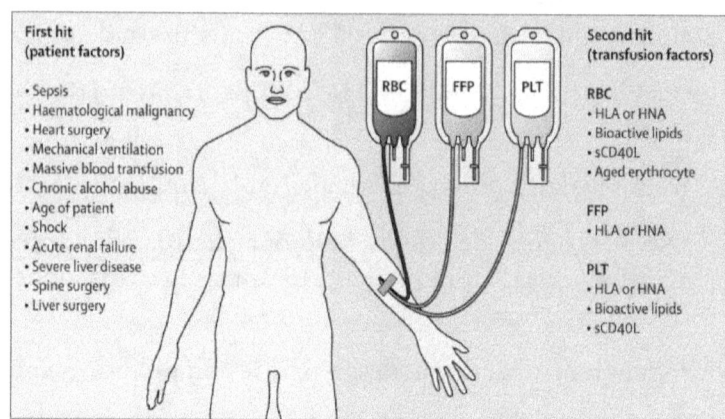

Fuente: Perioperative Transfusion-Related Acute Lung Injury Gianni R Lorello Asim Alam *in* International Anesthesiology Clinics 2018 56(1):47-67

En los últimos 5 años, se identificaron factores de riesgo específicos para TRALI en los receptores de transfusiones de sangre. El 33% de los pacientes con ventilación mecánica desarrollaron daño pulmonar agudo dentro de las 48 h de la transfusión en un estudio observacional (13).

Un estudio retrospectivo confirmó que la presencia de ventilación mecánica predispone al desarrollo de TRALI. Debido a que la aplicación de altas presiones pico en las vías respiratorias aumenta el riesgo de TRALI en pacientes y en entornos experimentales, asumimos que el estiramiento mecánico de los pulmones debido a la presión positiva de ventilación, da como resultado el cebado de neutrófilos pulmonares al endotelio. El primer golpe consiste en factores propios de cada paciente que resultan en el cebado de los neutrófilos pulmonares.

Se han sugerido factores de riesgo que podrían funcionar como primer golpe. El segundo golpe es la transfusión de sangre que resulta en la activación de las células endoteliales, y los neutrófilos pulmonares cebados que resultan en la fuga capilar, que culmina en edema pulmonar. Algunos factores de transfusión son independientes del tipo de producto sanguíneo, mientras que otros son específicos para un tipo de producto. RBC = glóbulos rojos. HLA = anticuerpos leucocitos humanos. HNA = anticuerpos neutrófilos humanos. sCD40L = ligando de CD40 soluble. FFP = plasma fresco congelado. PLT = concentrado de plaquetas (13).

Fisiopatología

TRALI mediado por anticuerpos se presenta en el 80% de los casos. Es causada por la transfusión pasiva del complejo mayor de histocompatibilidad (HLA) o antígeno neutrófilo humano (HNA) y los anticuerpos correspondientes del donante dirigidos contra los antígenos del receptor.

La activación de neutrófilos ocurre directamente al unirse el anticuerpo a la superficie de neutrófilos (anticuerpos HNA) o indirectamente, principalmente al unirse a las células endoteliales con activación de los neutrófilos (anticuerpos HLA de clase I) o a monocitos con activación posterior de los neutrófilos (Anticuerpos HLA clase II) (14).

El título de anticuerpos y el volumen de plasma que contiene anticuerpos aumentan el riesgo de aparición de TRALI. Aunque el papel de los anticuerpos HLA y HNA de donantes de sangre transfundida es ampliamente aceptado, no todos los casos de TRALI están mediados por anticuerpos ya que estos solo se detectan en el 80% los casos como se mencionó anteriormente en la siguiente figura 2 se resume la fisiopatología y los mecanismos de activación que desencadenan la injuria pulmonar (figura 2).

Figura 2. La fisiopatología y los mecanismos de activación que desencadenan la injuria pulmonar.

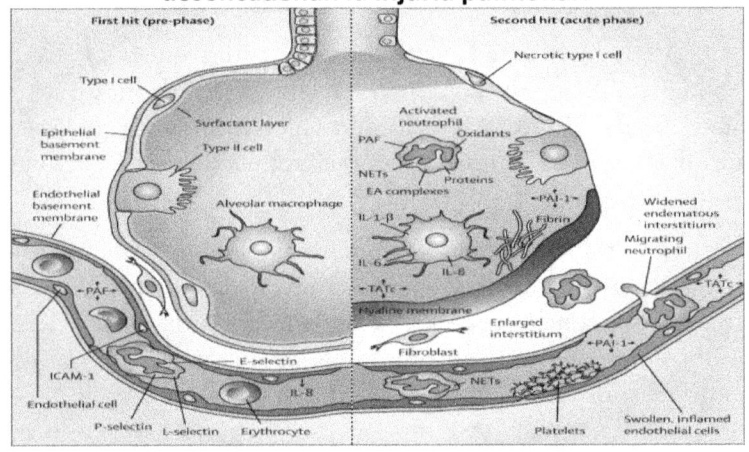

Fuente: Ayodele J, Blood Tranfusion Reactions DOI:10.5772/intechopen.85347

Anatómicamente, los pulmones son el primer órgano rico en inmunidad a través del cual pasa la transfusión de sangre; como tal, los mediadores involucrados en el inicio de TRALI podrían no llegar a los otros órganos. La fase previa del síndrome consiste en un primer golpe, que es principalmente sistémico. Este primer golpe es el trastorno subyacente del paciente (p. Ej., Sepsis o neumonía) que causa la atracción de neutrófilos al capilar del pulmón. Los neutrófilos son atraídos al pulmón por la liberación de citoquinas y quimosinas del endotelio pulmonar (14).

La unión por L-selectina y la adhesión firme está mediada por E-selectina y P-selectina derivada de plaquetas y moléculas de adhesión intracelular (ICAM-1). En la fase aguda del síndrome, se produce un segundo golpe causado por mediadores propios de la transfusión de sangre. Este golpe da como resultado la activación de la cascada inflamatoria y la coagulación en el compartimento pulmonar.

Los neutrófilos se adhieren al endotelio capilar lesionado y migran a través del intersticio al espacio aéreo, este se remplaza con líquido de edema rico en proteínas. En el espacio aéreo, se secretan las citocinas interleucina (IL-1, IL-6 e IL-8, respectivamente), que actúan localmente para estimular la quimiotaxis y activar los neutrófilos, lo que da como resultado la formación del complejo elastasa-α1-antitripsina (EA).

Los neutrófilos pueden liberar oxidantes, proteasas y otras moléculas proinflamatorias, como el factor activador de plaquetas (FAP) y formar trampas extracelulares de neutrófilos (NET) (14).

Además, ocurre la activación del sistema de coagulación, que se evidencia por un aumento en los complejos de trombina-antitrombina (TATc), una disminución en la actividad del sistema de fibrinolisis, que se muestra por una reducción en la actividad del activador del plasminógeno.

La entrada de líquido de edema rico en proteínas en el alveolo conduce a la inactivación del surfactante, lo que contribuye al cuadro clínico de dificultad respiratoria aguda en el inicio de TRALI, los estudios en animales muestran que la aparición de TRALI mediado por anticuerpos también produce lesión renal y hepática por reacción local de anticuerpos, sin embargo esto no se ha probado en seres humanos (14).

TRALI no mediada por anticuerpos

La TRALI no mediada por anticuerpos se desencadena por la acumulación de mediadores proinflamatorios durante el almacenamiento de productos sanguíneos, y posiblemente por el envejecimiento de los eritrocitos y plaquetas. Aunque la mayoría de los estudios preclínicos han observado una correlación positiva entre el tiempo de almacenamiento de productos sanguíneos que contienen células y TRALI, el mecanismo es controvertido. Se han sugerido dos mecanismos, incluido el plasma o las células envejecidas (15).

En un estudio de caso pequeño y experimentos con animales, la acumulación de lípidos bioactivos y el ligando CD40 soluble (sCD40L) en la capa de plasma de productos sanguíneos que contienen células se ha asociado con TRALI. Se cree que los lípidos bioactivos causan la activación de neutrófilos a través del receptor acoplado a proteína G en el neutrófilo. La transfusión de sCD40L activa el receptor CD40 en los neutrófilos y el endotelio, lo que da como resultado la liberación de citoquinas proinflamatorias.

Sin embargo, la participación de estos mediadores en TRALI no se ha confirmado en otros estudios, en la siguiente figura podemos observar como en la medida que el tiempo de almacenamiento es mayor hay más riesgo de desarrollar y se pierden anticuerpos, hay formación de macropartículas que pueden desencadenar el inicio de la lesión pulmonar aguda conocida como lesión por almacenamiento. En la Figura 3 se aprecia como a medida que el tiempo de almacenamiento es mayor cambian las características del glóbulo rojo predisponiendo más al desarrollo de TRALI (16) (Figura 3).

La lesión de almacenamiento" afecta la supervivencia y la función después de la transfusión. Por lo tanto, en la mayoría de los países, el almacenamiento de glóbulos rojos se ha maximizado a 35-42 días y el almacenamiento de plaquetas a un máximo de 5-7 días para asegurar suficiente función postransfusión durante el almacenamiento, el RBC cambia y sufre vesiculación, pérdida de membrana y lisis, reducción del glutatión, niveles celulares reducidos de 2,3-difosfoglicerato, trifosfato de adenosina y óxido nítrico, disminución de la expresión de CD47 en la membrana y aumento de la oxidación de lípidos y proteínas celulares (17).

Figura 3. Fisiopatología de la lesión pulmonar aguda relacionada con la transfusión (TRALI)

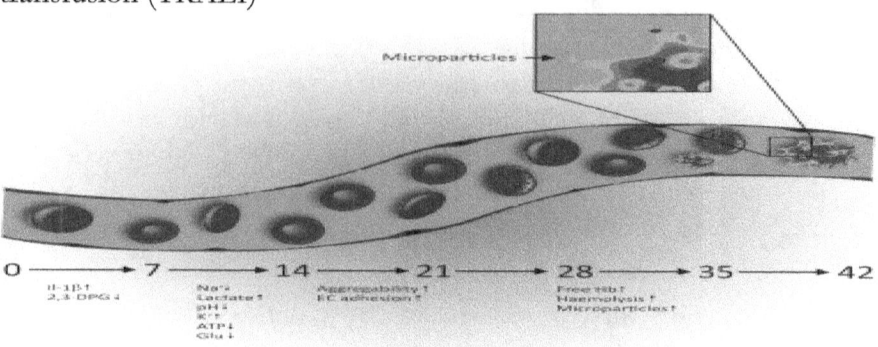

Fuente: Peters A, Van Hezel M, Juffermas S, Vlaar A. Pathogenesis of non-antibody mediated transfusion-related acute lung injury from bench to bedside Blood Rev 2015;29(1):51-61. DOI:10.1016/j.blre.2014.09.007

Estos cambios que ocurren en el glóbulo rojo almacenado conducen a un flujo microvascular reducido, agotamiento de 2,3-difosfoglicerato (2,3-DPG) que desplaza la curva de disociación de la oxihemoglobina hacia la izquierda y reduce el suministro de oxígeno, reducciones en las concentraciones de óxido nítrico y muchos otros cambios. También se evidencia la presencia de ciertos ligandos y mediadores presentes en glóbulos rojos y plaquetas que serían los iniciadores del segundo golpe (figura 4) (18).

Figura 4. Presencia de ciertos ligandos y mediadores en glóbulos rojos y plaquetas

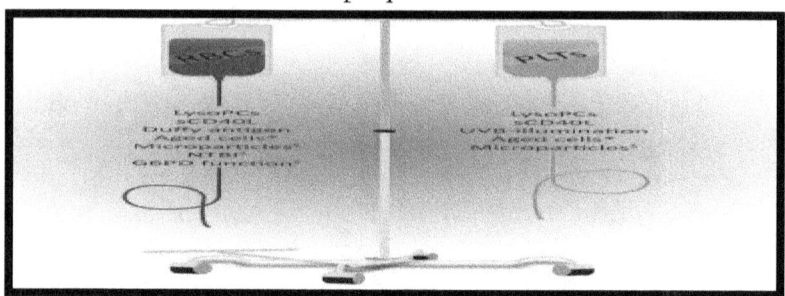

Fuente: Peters A, Van Hezel M, Juffermas S, Vlaar A. Pathogenesis of non-antibody mediated transfusion-related acute lung injury from bench to bedside Blood Rev 2015;29(1):51-61. DOI:10.1016/j.blre.2014.09.007

En consecuencia, el proceso inicial del primer golpe es similar al TRALI medido por anticuerpos donde intervienen factores relacionados con el huésped, los productos derivados del almacenamiento van a desencadenar el segundo golpe (figura 5) (18).

Figura 5. Factores biológicos en la sangre almacenada implicados en estudios clínicos sobre el riesgo de lesión pulmonar aguda relacionada con la transfusión

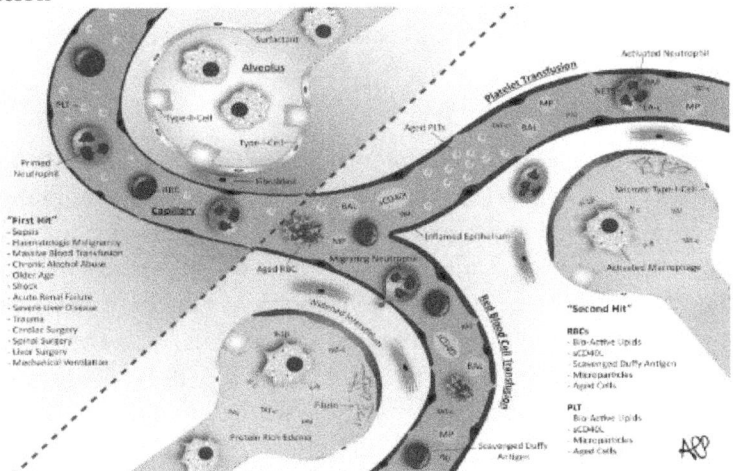

Fuente: Peters A, Van Hezel M, Juffermas S, Vlaar A. Pathogenesis of non-antibody mediated transfusion-related acute lung injury from bench to bedside Blood Rev 2015;29(1):51-61. DOI:10.1016/j.blre.2014.09.007

Estos mediadores solubles de Glóbulos rojos envejecidos, PLT: plaquetas; sCD401: ligando de CD40 soluble; NTBI: hierro no unido a la transferrina. En los productos de transfusión almacenados se acumulan lípidos bioactivos que se cree que causan TRALI in vivo e in vitro (19).

Los lípidos polares que se acumulan en los glóbulos rojos y PLT se han identificado como lisofosfatidilcolinas (LysoPC), lípidos estructuralmente similares al factor activador de plaquetas (FAP) y al ligando para el receptor G2A. In vitro, el receptor G2A en neutrófilos puede ser activado por LysoPCs y así causar quimiotaxis y liberación de componentes del arsenal microbicida a través de la activación de subunidades de proteína G que tienen funciones de señalización celular de lípidos no polares, que se derivan de los glóbulos rojos.

El papel de ambos LysoPCs y lípidos no polares en TRALI

todavía se debate. Los LysoPCs han sido implicados para causar daño pulmonar agudo en una serie de 10 pacientes que sufren TRALI. CD40 es un miembro de la familia del receptor del factor de necrosis tumoral (TNF) expresado en células endoteliales y epiteliales, monocitos y macrófagos (20).

Su ligando CD40L es un mediador proinflamatorio producido por plaquetas que se acumula en la sangre almacenada en formas solubles (sCD40L) o asociadas a células. El sCD40L soluble activa macrófagos y provoca la producción y liberación de múltiples citoquinas proinflamatorias (20).

Durante el almacenamiento, los eritrocitos humanos también pierden la expresión del antígeno Duffy y la función de eliminación de quimioquinas. El antígeno Duffy es un antígeno menor del grupo sanguíneo que une múltiples quimosinas inflamatorias con alta afinidad, lo que hace que las quimioquinas unidas a los eritrocitos sean inaccesibles a los neutrófilos circulantes. En un estudio que investigó el papel del antígeno Duffy en TRALI, se descubrió que la eliminación del antígeno Duffy estaba relacionada con la aparición de una lesión pulmonar aguda (20).

Manifestaciones clínicas

En ocasiones son indistinguibles de otros trastornos respiratorios sin embargo la disnea, taquipnea e hipoxemia, son los síntomas clínicos centrales en TRALI. Tales problemas son el resultado del aumento de la permeabilidad vascular pulmonar y el consiguiente edema pulmonar. Sin embargo, una amplia gama de otras reacciones puede tener lugar debido a la infusión de anticuerpos, que incluye temblor, taquicardia, fiebre, hipotermia e hipotensión, y rara vez hipertensión (21).

Las anomalías intersticiales bilaterales deben estar presentes en la radiografía de tórax. La descripción original del caso de TRALI representó el desarrollo de insuficiencia respiratoria aguda en pacientes 1 hora después de una transfusión de un producto de plasma de alto volumen, con pulmones que tienen una apariencia blanquecina en la radiografía. Sin embargo, los pulmones blancos no siempre están presentes; las anomalías radiológicas pueden ser mucho menos prominentes (22).

Figura 6.

Radiografías de tórax de dos pacientes antes (A, C) y después (B, D) del inicio de TRALI.

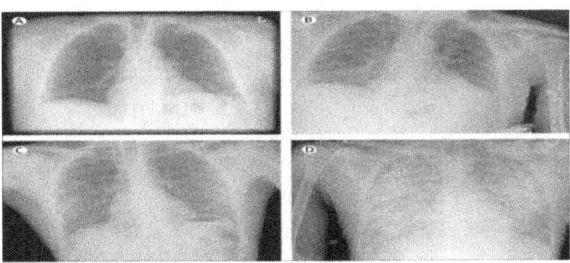

Fuente: Carcano C, Okafor N, Martinez F, Ramirez J, Kanne J, Kirsch J Radiographic manifestations of transfusion-related acute lung injury Clinical Imaging 37 (2013) 1020–1023

Las radiografías A y C muestran una vasculatura pulmonar normal sin signos de edema pulmonar; B y D muestran cambios infiltrativos sugestivos de edema pulmonar. D muestra los clásicos cambios infiltrativos bilaterales graves que se presentan con TRALI; sin embargo, con frecuencia tales cambios son menos evidentes con las radiografías de tórax, como se muestra en B (23) (figura 6).

Las pruebas de laboratorio en TRALI son inespecíficas. El hallazgo más relevante es una leucopenia transitoria, que aparece en el 5-35% de los pacientes después de la transfusión con un producto sanguíneo que contiene anticuerpos, y se cree que es debida a anticuerpos específicos de neutrófilos. La trombocitopenia también podría estar presente.

Diagnóstico diferencial TRALI

Una reacción de transfusión séptica puede presentarse como TRALI. Si hay signos de sepsis, el tratamiento de la sepsis debe iniciarse de inmediato, mientras que la tinción de Gram y el cultivo de la bolsa de sangre y hemocultivos del paciente están pendientes. Las reacciones anafilácticas a la transfusión, que incluyen taquipnea y sibilancias, también se presentan con dificultad respiratoria. Debido a que los síntomas son el resultado de un edema laríngeo y bronquial y no de un edema pulmonar, una radiografía de tórax puede ayudar al diagnóstico. Otros signos que sugieren una reacción alérgica son la urticaria y el eritema de la cara y el tronco (24).

La distinción clínica entre el edema hidrostático resultante de la descompensación cardíaca debida a la sobrecarga de volumen (sobrecarga circulatoria asociada a la transfusión TACOS) y el edema pulmonar por permeabilidad en TRALI es un desafío. La radiografía de tórax no es útil para distinguir estos trastornos Las técnicas de diagnóstico específicas, por ejemplo, la ecocardiografía o el péptido natriurético cerebral, se han utilizado en algoritmos que podrían orientar a los médicos, pero ninguna prueba puede establecer un diagnóstico en sí misma (25).

La presión de oclusión de la arteria pulmonar se ha agregado a la definición de TRALI para excluir a los pacientes con sobrecarga de volumen. Sin embargo, el edema de permeabilidad y el edema hidrostático no son mutuamente excluyentes y pueden ocurrir simultáneamente. La lesión pulmonar aguda puede empeorar el rendimiento del ventrículo izquierdo y el ventrículo derecho. Por el contrario, un equilibrio de líquidos restrictivo reduce el número de días de ventilación de los pacientes con lesión pulmonar aguda, lo que sugiere que el edema hidrostático contribuye a la lesión pulmonar (26).

El reconocimiento del síndrome TRALI es un desafío. Como consecuencia, muchos casos no se informan, como lo demuestran los estudios de retrospección en los cuadros 1 y 2 se describen las características diferenciales más importantes entre TRALI y TACOS (Tabla 3 y 4).

Tabla 3 TRALI   **Tabla 4** TACOS

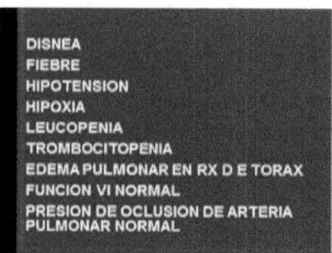

DISNEA	DISNEA
FIEBRE	HIPERTENSION
HIPOTENSION	HIPOXIA
HIPOXIA	EDEMA PULMONAR EN RX DE TORAX
LEUCOPENIA	FUNCION VI NORMAL O DISMINUIDA
TROMBOCITOPENIA	AUMENTO DE PRESION DE OCLUSION DE ARTERIA PULMONAR
EDEMA PULMONAR EN RX D E TORAX	PEPTIDO NATRIURETICO CEREBRAL AUMENTADO
FUNCION VI NORMAL	
PRESION DE OCLUSION DE ARTERIA PULMONAR NORMAL	

Fuente: Elaboración propia

Tratamiento

El manejo es de apoyo. Los pacientes necesitan oxígeno adicional, y la ventilación mecánica es inevitable en el 70-90% de los casos. Se considera parte de una lesión pulmonar aguda o síndrome de dificultad respiratoria aguda; por lo tanto, la aplicación de ventilación con volumen vital restrictivo es lógica, porque este método es beneficioso en pacientes con estos trastornos. Aunque algunos informes de casos describen el uso de corticosteroides en pacientes con TRALI, no existe evidencia que demuestre que estos medicamentos se deben aplicar (27).

Los diuréticos pueden tener un lugar en el tratamiento de TRALI, porque un balance de líquidos positivo es un factor de riesgo para TRALI y una estrategia de restricción de líquidos es beneficiosa en TRALI / síndrome de dificultad respiratoria aguda (SDRA) debido a otras causas. Los experimentos con animales muestran resultados prometedores para la aspirina. Cabe destacar que el uso de inhibidores de la agregación plaquetaria se asoció con una lesión pulmonar reducida en pacientes con SDRA, pero la efectividad de estas intervenciones no se ha probado en pacientes.

Pronóstico

Generalmente tiene un buen pronóstico. La mortalidad se considera baja aproximadamente 5-10%. Sin embargo, los datos son escasos, y se basan principalmente en series de casos pequeños. En estudios observacionales, la mortalidad TRALI fue más alta en pacientes críticos y quirúrgicos que en controles transfundidos. También se ha informado de una asociación entre la transfusión de glóbulos rojos, plasma y plaquetas, y la lesión pulmonar aguda en varios otros estudios observacionales.

Sin embargo, los hallazgos de estos estudios observacionales no aclaran en qué medida la transfusión u otros factores de riesgo para la lesión pulmonar aguda contribuyen a la mortalidad (28).

Estrategias de prevención

Política de transfusión restrictiva

La prevención más efectiva es una estrategia de transfusión restrictiva. En un ensayo clínico aleatorizado en pacientes críticamente enfermos, una política de transfusión restrictiva para los glóbulos rojos se asoció con una disminución en la incidencia de lesión pulmonar aguda en comparación con una estrategia liberal (7,7% frente a 11,4%), lo que sugiere que algunos de estos pacientes podrían haber tenido TRALI (29).

Política de transfusión adaptada al paciente

Un análisis multivariado en pacientes en cuidados intensivos mostró que los factores de riesgo relacionados con el paciente contribuyeron más a la aparición de TRALI que los factores de riesgo relacionados con la transfusión, sugiriendo que el desarrollo de una reacción TRALI depende más de los factores del huésped que del factor sanguíneo.

Por lo tanto, un enfoque adaptado al paciente dirigido a reducir los factores de riesgo TRALI podría ser efectivo para aliviar el riesgo de TRALI (30).

La identificación de factores de riesgo específicos faculta a los médicos para manejar a su paciente que necesita una transfusión. El balance de fluidos debe ser monitoreado. Se debe evitar el shock antes de la transfusión, al igual que la sobrecarga de fluido anterior. Para pacientes con ventilación mecánica, las presiones de las vías respiratorias deben restringirse antes de la transfusión (31).

Pedido de productos de transfusión específicos para pacientes en riesgo.

Los factores de riesgo de transfusión para la aparición de TRALI no mediado por anticuerpos parecen estar relacionados con el almacenamiento; por lo tanto, los pacientes en riesgo de TRALI podrían beneficiarse de productos sanguíneos frescos. Mientras que el tiempo de almacenamiento parece jugar un papel en el inicio de TRALI en la mayoría de los modelos experimentales, estudios clínicos muestran resultados contradictorios (32).

En lugar de proporcionar glóbulos rojos frescos, los hallazgos preclínicos mostraron que el lavado de productos sanguíneos que contienen células almacenadas previene la aparición de TRALI.

Los estudios clínicos muestran que el lavado de dichos productos junto a la cama es seguro y factible. Queda por determinar si los productos sanguíneos que contienen células lavadas previenen la aparición de TRALI en el entorno clínico.

¿Qué puede hacer el servicio de sangre?

Todos los productos sanguíneos pueden inducir TRALI

mediado por anticuerpos si el anticuerpo es lo suficientemente fuerte y el paciente tiene factores de riesgo susceptibles, incluso glóbulos rojos que contienen 10-20 ml de plasma. La importancia clínica del sexo del donante se demostró en dos estudios de pacientes críticamente enfermos que informaron empeoramiento de la oxigenación después de la transfusión de plasma fresco congelado de donadoras femeninas y donadoras multíparas.

Un estudio mostró una asociación entre la transfusión y la presencia de anticuerpos leucocitarios en el 3% de los donantes previamente transfundidos, lo que hace que estos donantes sean de alto riesgo (32).

Exclusión de donantes

Para reducir el riesgo de TRALI, la Administración de Alimentos y Medicamentos de EE. UU. Alienta a los bancos de sangre a adoptar una estrategia de donantes principalmente masculina. Una política de exclusión reactiva es la exclusión de donantes en un caso TRALI con anticuerpos HLA o HNA probados que coincidan con el antígeno receptor (33).

En los Países Bajos, los donantes implicados dos veces en una reacción TRALI se excluyen de la futura donación, incluso en ausencia de anticuerpos HLA o HNA. Este enfoque se basa en el informe adecuado de los casos sospechosos de TRALI; sin embargo, puede resultar en una pérdida innecesaria de donantes.

Desde 2003, se implementó la política de usar plasma solo de donantes masculinos para la producción de componentes sanguíneos de alto volumen de plasma.

Agrupación de plasma

Otra solución para reducir la exposición del receptor a los anticuerpos presentes en el plasma es la acumulación de hasta 300 unidades, lo que diluye cualquier anticuerpo leucocitario presente. Ni los anticuerpos HNA ni HLA son detectables en plasma de detergente solvente. Los países que usan plasma con detergente solvente no informaron ningún caso de TRALI que se originara por la transfusión de estos productos plasmáticos.

Las preocupaciones de la puesta en común son la exposición a muchos donantes y la transmisión de virus y enfermedades priónicas. Ahora se ha introducido un filtro de priones para prevenir la transmisión de la enfermedad de Creutzfeldt-Jacob; Otra incertidumbre es la efectividad del plasma con detergente solvente en la prevención de TRALI en pacientes críticamente enfermos, porque esos pacientes aún pueden desarrollar TRALI después de la dilución de los anticuerpos (34).

Sobrecarga circulatoria asociada a la transfusión (TACO)

Ocurre cuando el volumen transfundido produce edema pulmonar hidrostático; los individuos típicamente desarrollan dificultad respiratoria, hipoxemia, aumento de la presión venosa central y concentraciones elevadas de péptido natriurético tipo B dentro de las 2 a 6 horas de la transfusión (35).

Se informa que la incidencia de TACO varía del 3% al 11%; sin embargo, es probable que TACO sea seriamente subinformado. Fue responsable del 24% de las muertes relacionadas con transfusiones entre 2011 y 2015 (36).

El riesgo aumenta con la edad del receptor, el balance hídrico general y el aumento en el volumen de transfusiones, particularmente en individuos con comorbilidades como insuficiencia cardíaca, anemia y enfermedad pulmonar crónica (37). Se ha sugerido que los diuréticos antes y durante la transfusión previenen y controlan eficazmente la TACO; la furosemida administrada por vía intravenosa es el fármaco de elección. Prescripción previa de tratamiento con diuréticos diaria no impide TACO.

Infecciones transmitidas por transfusión

La transfusión de componentes sanguíneos infectados puede transmitir bacterias, virus, protozoos y priones gramnegativos o positivos al receptor (38, 39). Las manifestaciones clínicas dependen del tipo de infección transmitida en general si es bacteriana: Fiebre de > 38.5 ° C aumenta desde pretransfusión, temblor, escalofríos, taquicardia, dolor de espalda, dolor abdominal, vómitos e hipotermia si es de tipo viral: seroconversión. En individuos inmunocomprometidos, el virus del Nilo Occidental puede desarrollar meningoencefalitis con HTLV-1, mielopatía con paraparesia espástica, leucemia / linfoma de células T adultas (40).

Aunque la vigilancia ha identificado tasas relativamente bajas de contaminación, el 10% de las muertes asociadas a transfusiones se debieron a infecciones transmitidas (41). La contaminación bacteriana es más común en las plaquetas con una tasa de 1 de cada 2000 a 3000 transfusiones.

Entre 2011 y 2012, la tasa de contaminación por hepatitis B (HepB) en el suministro de sangre de los EE. UU, se estimó en 0.76 por cada 10,000 donaciones; la tasa de hepatitis C (HepC), virus de la inmunodeficiencia humana (VIH) y células T humanas el virus linfotrópico (HTLC) fue 2.0, 0.28 y 0.34, respectivamente (42).

En los Estados Unidos, la amplia selección de donantes antes de la donación, las pruebas sistemáticas de la sangre donada para enfermedades infecciosas y la mejora de la sensibilidad de estas pruebas han reducido significativamente el riesgo de infecciones transmitidas por transfusión; siendo HepB, HepC y VIH se estima en 1: 280,000, 1: 1,149,000 y 1: 1,467,000 donaciones, respectivamente el manejo depende del tipo de infección en general se recomienda detener la transfusión, cultivar la unidad transfundida y extraer hemocultivos, e inicio de antibióticos empíricos prevención mediante detección sistemática de donantes para la exposición a virus, análisis de sangre donada, terapia sintomática, terapia potencial para HepB (43).

Reacciones retardadas

Las reacciones adversas tardías por transfusión se desarrollan 48 horas o más después de la transfusión e incluyen aloinmunización de eritrocitos y plaquetas, reacciones transfusionales hemolíticas tardías, púrpura posterior a la transfusión, inmunomodulación relacionada con transfusiones (TRIM) y enfermedad de injerto contra huésped asociada a transfusiones (TA-GVHD)

Reacción transfusional hemolítica tardía

Con la aloinmunización de eritrocitos y plaquetas, los receptores de transfusiones tienen la inducción de una respuesta inmune y el desarrollo de aloanticuerpos contra eritrocitos y / o plaquetas; esta respuesta se desencadena por la exposición a antígenos de células sanguíneas de donantes con transfusión. El título de estos aloanticuerpos se reduce con el tiempo hasta que son indetectables (44).

Sin embargo, la exposición posterior al antígeno causa una respuesta inmune secundaria en 25 de cada 100.000 unidades de concentrados de glóbulos rojos transfundidas, con hemólisis posterior de eritrocitos y una reacción hemolítica tardía. La sensibilización a antígenos es particularmente problemática en aquellos individuos que requieren transfusiones crónicas como aquellos con síndromes mielodisplásicos y anemia de células falciformes (44).

Se ha estimado que la aloinmunización ocurre en el 3% de los individuos que recibieron transfusiones intensivas (5-20 unidades en 48 horas) y en el 15% de los pacientes que recibieron transfusión crónica. En pacientes con enfermedad de células falciformes , las tasas de aloinmunización tienen una incidencia de hasta 47% dependiendo de la edad del paciente, el número de exposiciones de glóbulos rojos y el grado de compatibilidad del antígeno más allá de ABO y D. Tratamiento es sintomático, se debe solicitar componentes antigénicos negativos para transfusiones adicionales (44).

Púrpura postransfusión

La aloinmunización plaquetaria se presenta dos a 14 días después de la transfusión, trombocitopenia grave repentina, petequias, púrpura, hemorragia de la mucosa, hemorragia difusa, anticuerpos específicos de plaquetas en suero potencialmente mortal. Las plaquetas recubiertas con anticuerpos son destruidas por macrófagos que producen trombocitopenia; Se encontró que el 29% de las personas que recibieron transfusiones crónicas que eran refractarias a la transfusión de plaquetas tenían niveles significativos de anticuerpos anti plaquetarios (45).

La refractariedad de las plaquetas se diagnostica cuando la respuesta individual (10 minutos a 1 hora) a 2 transfusiones de plaquetas secuenciales es inadecuada (<5 × 10 9 / L) (46).

La púrpura posterior a la transfusión ocurre aproximadamente una semana después de la transfusión y se debe a una trombocitopenia grave secundaria a la destrucción inmune de las plaquetas; la incidencia de esta reacción es de aproximadamente 1 en 50,000 a 100,000 transfusiones y las mujeres multíparas son más propensas a verse afectadas. Típicamente autolimitada, el recuento de plaquetas se recupera en 3 semanas, el manejo incluye la inmunoglobulina intravenosa con o sin corticosteroides, la transfusión de plaquetas, sin el antígeno que produjo la reacción.

Inmunomodulación relacionada con la transfusión

TRIM es una supresión inmune que ocurre después de la transfusión de sangre. De hecho, la transfusión de sangre se utilizó previamente como un inmunosupresor para pacientes de trasplante renal temprano para mejorar la supervivencia inmediata del injerto.

La evidencia demostró que TRIM está asociado con la transfusión de leucocitos orogénicas; la inmunosupresión resultante se debe en parte a la supresión de las células citotóxicas y la actividad de los monocitos , la liberación incrementada de prostaglandinas, la alteración de las concentraciones de citocinas y eicosanoides proinflamatorias y antiinflamatorias , y una mayor actividad de las células T supresoras (47).

Las consecuencias incluyen una mayor susceptibilidad a la infección, reducción de las defensas celulares defensas y aloinmunización mejorada para antígenos transfundidos, el manejo se considera proteger a las personas de la exposición a las infecciones mientras están con el compromiso inmune (48).

Enfermedad de injerto contra huésped asociada a la transfusión

El TA-GVHD ocurre en individuos inmunodeprimidos y algunos individuos inmunes competentes que reciben una transfusión con linfocitos T viables; estos linfocitos donantes se replican y crean una respuesta inmune contra las células receptoras. Debido a la incapacidad del receptor para luchar contra esta respuesta inmune, las células del donante atacan esencialmente a los tejidos receptores, puede ocurrir en cualquier punto entre 2 días y 6 semanas después de la transfusión y produce fiebre, erupción cutánea, hepatomegalia con disfunción hepática, pancitopenia y la presencia de quimerismo leucocitario (49).

No existe un tratamiento efectivo, y la mortalidad se acerca al 90%; por lo tanto, la prevención es vital. La radiación gamma y UV de los componentes sanguíneos se han utilizado para prevenir TA-GVHD (50).

Referencias

1. Alter H.J.: Pathogen reduction: a precautionary principle paradigm. Transfus Med Rev 2008; 22: pp. 97-102.

2. Andreu G., Morel P., Forestier F., et. al .: Red de hemovigilancia en Francia: organización y análisis de los informes de incidentes transfusionales inmediatos de 1994 a 1998. Transfusion 2002; 42: pp. 1356-1364.

3. Vamvakas E.C., Blajchman M.A.: Transfusion-related immunomodulation (TRIM): an update. Blood Rev 2007; 21: pp. 327-348.

4. Borgman MA, Spinella PC, Perkins JG, et. al .: La proporción de productos sanguíneos transfundidos afecta la mortalidad en pacientes que reciben transfusiones masivas en un hospital de apoyo de combate. J Trauma 2007; 63: pp. 805-813.

5. Delaney M., Wendel S., Bercovitz RS, Cid J, Cohn C, Dunbar N, et al. Reacciones de transfusión: prevención, diagnóstico y tratamiento; Lancet, 2016:,(12)03,(388) 10061, 2825-36

6. Maxwell MJ, Wilson MJ: complications of blood transfusion. Contin Educ Anaesth Crit Care Pain 2006; 6: pp. 225-229.

7. Borgman MA, Spinella PC, Perkins JG, et. al .: La proporción de productos sanguíneos transfundidos afecta la mortalidad en pacientes que reciben transfusiones masivas en un hospital de apoyo de combate. J Trauma 2007; 63: pp. 805-813.

8. Sazama K .: Reports of 355 deaths associated with transfusions: de 1976 a 1985. Transfusion 1990; 30: pp. 583-590.

9. Vamvakas EC, Blajchman MA: Mortality related to transfusion: the continuous risks of allogeneic blood transfusion and the strategies available for its prevention. Blood 2009; 113: pp. 3406-3417.

10. El Kenz H.: Van der Linden P: Transfusion-related acute lung injury. Eur J Anaesthesiol 2014; 31: pp. 345-350.

11. Gajic O., Rana R., Winters J.L., et. al.: Transfusion-related acute lung injury in the critically ill: prospective nested case-control study. Am J Respir Crit Care Med 2007; 176: pp. 886-891.

12. Marik PE, Corwin HL: Acute lung injury following blood transfusion: expanding the definition. Crit Care Med 2008; 36: pp. 3080-3084.

13. Vlaar AP, Binnekade JM, Prins D .: Risk factors and outcome of acute pulmonary injury related to transfusion in critical patients: a nested case-control study. Crit Care Med 2010; 38: pp. 771-778.

14. Sayah DM, Looney MR, Toy P .: Transfusion reactions: new concepts on pathophysiology, incidence, treatment and prevention of acute pulmonary injury related to transfusion (TRALI). Crit Care Clin 2012; 28: pp. 363-372.

15. Vamvakas E.C., Blajchman M.A.: Transfusion-related immunomodulation (TRIM): an update. Blood Rev 2007; 21: pp. 327-348.

16. Vlaar A.P., Juffermans N.P.: Transfusion-related acute lung injury: a clinical review. Lancet 2013; 382: pp. 984-994.

17. Hong H., Xiao W., Lazarus HM, et. al .: Detection of septic transfusion reactions to platelet transfusions by active and passive surveillance. Blood 2016; 127: pp. 496-502.

18. Vlaar A.P., Juffermans N.P.: Transfusion-related acute lung injury: a clinical review. Lancet 2013; 382: pp. 984-994.

19. Shander A., Sazama K .: Clinical consequences of iron overload from chronic red blood cell transfusions, diagnosis and treatment by chelation therapy. Transfusion 2010; 50: pp. 1144-1155.

20. Vamvakas E.C., Blajchman M.A.: Transfusion-related

immunomodulation (TRIM): an update. Blood Rev 2007; 21: pp. 327-348.

21. Toy P., Bacchetti P., Grimes B., et. al.: Recipient clinical risk factors predominate in possible transfusión-related acute lung injury. Transfusion 2015; 55: pp. 947-952.

22. Sazama K .: Reports of 355 deaths associated with transfusions: de 1976 a 1985. Transfusion 1990; 30: pp. 583-590.

23. Maxwell MJ, Wilson MJ: complications of blood transfusion. Contin Educ Anaesth Crit Care Pain 2006; 6: pp. 225-229.

24. Shander A., Lobel GP, Javidroozi M .: Transfusion practices and infectious risks. Experto Rev Hematol 2016; 9: pp. 597-605.

25. Skeate RC, Eastlund T .: Distinguish between acute pulmonary injury related to transfusion and circulatory overload associated with transfusion. Curr Opin Hematol 2007; 14: pp. 682-687.

26. Sazama K .: Reports of 355 deaths associated with transfusions: de 1976 a 1985. Transfusion 1990; 30: pp. 583-590.

27. Sayah DM, Looney MR, Toy P .: Transfusion reactions: new concepts on pathophysiology, incidence, treatment and prevention of acute pulmonary injury related to transfusion (TRALI). Crit Care Clin 2012; 28: pp. 363-372.

28. US Food and Drug Administration USA: deaths reported to FDA after blood extraction and transfusion: annual summary of fiscal year 2011. Disponible enhttp://www.fda.gov/BiologicsBloodVaccines/SafetyAvailabil ity/ReportaProblem/TransfusionDonationFatalities/ucm30284 7.htm . Accedido el 22 de septiembre de 2016.

29. Lieberman L., Maskens C., Cserti-Gazdewich C., et. al .: A Retrospective Review of Patient Factors, Transfusion Practices, and Outcomes in Patients With Transfusion-Associated Circulatory Overload. Transfus Med Rev 2013; 27: pp. 206-212.

30. Vamvakas E.C.: WBC-containing allogeneic blood transfusión and mortality: a meta-analysis of randomized controlled trials. Transfusion 2003; 43: pp. 963-973.

31. Vlaar AP, Binnekade JM, Prins D .: Risk factors and outcome of acute pulmonary injury related to transfusion in critical patients:

a nested case-control study. Crit Care Med 2010; 38: pp. 771-778.

32.   Vamvakas E.C., Blajchman M.A.: Blood still kills: six strategies to further reduce allogeneic blood transfusión-related mortality. Transfus Med Rev 2010; 24: pp. 77-124.

33.   US Food and Drug Administration UU / Biological Evaluation and Research Center: Fatalities reported to FDA after blood and transfusion collection: annual summary for fiscal year 2014. Disponible   en http://www.fda.gov/downloads/BiologicsBloodVaccines/Safet yAvailability/ReportaProblem/ TransfusionDonationFatalities / UCM459461.pdf . Accedido el 22 de septiembre de 2016.

34. Raval JS, Mazepa MA, Russell SL, et. al .: passive reporting greatly underestimates the rate of circulatory overload associated with transfusion after platelet transfusion. Vox Sang 2015; 108: pp. 387-392.

35. Maxwell MJ, Wilson MJ: complications of blood transfusion. Contin Educ Anaesth Crit Care Pain 2006; 6: pp. 225-229.

36.   Mendler M.H., Turlin B., Moirand R., et. al.: Insulin resistance-associated hepatic iron overload. Gastroenterology 1999; 117: pp. 1155-1163.

37. Marik PE, Corwin HL: Acute lung injury following blood transfusion: expanding the definition. Crit Care Med 2008; 36: pp. 3080-3084.

38.   Stramer SL: Current perspectives in infectious diseases transmitted by transfusion: emerging and re-emerging infections. ISBT Sci Ser 2014; 9: pp. 30-36.

39. Centros para el Control y la Prevención de Enfermedades, Centro Nacional de Enfermedades Infecciosas Emergentes y Zoonóticas (NCEZID), División de Enfermedades Transmitidas por Vectores (DVBD): Zika y transfusión de sangre. 31 de agosto de 2016.   Disponible   en http://www.cdc.gov/zika/transmission/blood-transfusion.html . Accedido el 22 de septiembre de 2016.

40. Hong H., Xiao W., Lazarus HM, et. al .: Detection of septic transfusion reactions to platelet transfusions by active and passive surveillance. Blood 2016; 127: pp. 496-502.

41. Stramer SL: Current perspectives in infectious diseases transmitted by transfusion: emerging and re-emerging infections. ISBT Sci Ser 2014; 9: pp. 30-36.

42. Shander A., Lobel GP, Javidroozi M .: Transfusion practices and infectious risks. Experto Rev Hematol 2016; 9: pp. 597-605.

43. Silvergleid AJ: Approach to the patient with a suspected acute transfusion reaction. En Kleinman S, Tirnauer JS, editores: UpToDate, Waltham, MA. Accedido el 22 de septiembre de 2016.

44. Vamvakas E.C., Pineda A.A., Moore S.B.: Incidence of delayed hemolytic transfusión reactions. Vox Sang 1995; 69: pp. 86.

45. Vogelsang G., Kickler TS, Bell WR: Post-transfusion purpura: a report of five patients and a review of the pathogenesis and treatment.Am J Hematol 1986; 21: pp. 259-267.

46. Holcomb J.B., Wade C.E., Michalek J.E., et. al.: Increased plasma and platelet to red blood cell ratios improves outcome in 466 massively transfused civilian trauma patients. Ann Surg 2008; 248: pp. 447-458.

47. Vamvakas E.C., Blajchman M.A.: Transfusion-related immunomodulation (TRIM): an update. Blood Rev 2007; 21: pp. 327-348.

48. Stramer SL, Hollinger FB, Katz LM, et. al .: emerging agents of infectious diseases and their possible threat to the safety of transfusions. Transfusion 2009; 49: pp. 1S-29S.

49. Delaney M., Wendel S., Bercovitz RS, Cid J, Cohn C, Dunbar N, et al. Reacciones de transfusión: prevención, diagnóstico y tratamiento; Lancet, 2016:,(12)03,(388) 10061, 2825-36

50. Vamvakas EC, Blajchman MA: Mortality related to transfusion: the continuous risks of allogeneic blood transfusion and the strategies available for its prevention. Blood 2009; 113: pp. 3406-3417.